DEVELOPMENT OF RURAL CHARACTERISTIC INDUSTRY AND
TYPICAL CASE STUDIES

乡村特色产业发展与案例研究

农业农村部规划设计研究院◎组织编写

徐力兴　曹　宇◎主编

中国轻工业出版社

图书在版编目（CIP）数据

乡村特色产业发展与案例研究 / 农业农村部规划设计研究院组织编写；徐力兴，曹宇主编．—北京：中国轻工业出版社，2022.12

ISBN 978-7-5184-3898-3

Ⅰ.①乡… Ⅱ.①农… ②徐… ③曹… Ⅲ.①乡村—农业产业—特色产业—产业发展—研究—中国 Ⅳ.①F323

中国版本图书馆CIP数据核字（2022）第036253号

责任编辑：伊双双　　责任终审：白　洁　　整体设计：锋尚设计
策划编辑：伊双双　　责任校对：吴大朋　　责任监印：张　可

出版发行：中国轻工业出版社（北京东长安街6号，邮编：100740）
印　　刷：艺堂印刷（天津）有限公司
经　　销：各地新华书店
版　　次：2022年12月第1版第1次印刷
开　　本：710×1000　1/16　印张：16.5
字　　数：313千字
书　　号：ISBN 978-7-5184-3898-3　定价：68.00元
邮购电话：010-65241695
发行电话：010-85119835　传真：85113293
网　　址：http://www.chlip.com.cn
Email：club@chlip.com.cn
如发现图书残缺请与我社邮购联系调换

211634K6X101ZBW

编委会

主　编　徐力兴　曹　宇
编　委　徐　哲　刘晓军　崔永伟　肖　寒　陈忠加
　　　　　尹衍雨　郑　伊　张　璐　戴国欢　韩　萌
　　　　　左进华　李　凯　谭子辉

前 言

中国共产党第十九次全国代表大会报告中提出实施乡村振兴战略"要坚持农业农村优先发展,按照产业兴旺、生态宜居、乡风文明、治理有效、生活富裕的总要求,建立健全城乡融合发展体制机制和政策体系,加快推进农业农村现代化。"2021年年初习近平总书记宣布我国脱贫攻坚战取得了全面胜利,完成了消除绝对贫困的艰巨任务,同时提出全面推进乡村振兴、巩固拓展脱贫攻坚成果的要求。产业振兴是乡村振兴的重中之重。各地紧扣乡村产业振兴目标,抓住乡村产业根植于县域、发展于村镇的特点,以特色产业发展为抓手,实施"一村一品"强村富民工程,以村或镇(乡)为区域,培育了一批地域特色鲜明、乡土气息浓厚、业态类型丰富、创新创业活跃、综合实力强的专业村镇,引领乡村产业发展。

五里不同风,十里不同俗。通过专业村镇发掘优势资源,实行整村推进、整体开发,培育壮大主导产业,发展"一村一品",推动乡村产业集聚化、标准化、规模化、品牌化发展,是提高农产品附加值、拓宽农民增收渠道的重要举措,是推动专业村镇建设的有效途径。通过专业村的辐射带动,一村带多村、多村连成片,促进优势产业集聚。发挥产业的聚集效应,带动相关配套产业发展,延长产业链条,将资源优势转化为产业优势,产业优势转化为经济优势,通过产品的开发生产托起一个产业、振兴一方经济。

原农村部从2011年启动"全国'一村一品'示范村镇"认定工作,截至2021年,共认定11批3673个"全国'一村一品'示范村镇",其中,示范镇1128个,示范村2545个。在动态监测的基础上,推介了174个全国乡村特色产业"十亿元镇"、249个"亿元村"。

2021年农业农村部规划设计研究院有关专家承担了农业农村部乡村产业发展司组织开展的《特色产业十亿元镇亿元村案例挖掘》课题研究,旨在通过典型案例的研究,探索特色产业发展的内在规律,树立榜样,示范引领全国"一村一品"持续健康发展,为乡村振兴提供坚实产业支撑。我们在理论研究的基础上，从推介的"十亿元镇""亿元村"中选取了50个案例进行剖析，以期启发各地将示范村镇打造成"一村一品"提档升级的样板和标杆。本书前三章主要研究乡村特色产业的发展历程、以"一村一品"和"十亿元镇亿元村"为代表的特色产业发展成效、经验做法等，第四章为"十亿元镇亿元村"案例，包括21个十亿元镇和29个亿元村，真实生动地总结了这些村镇发展产业的典型做法、建立的联农带农机制、形成的经验启示，希望对广大农村发展特色产业有所借鉴。

本书编写过程得到了农业农村部乡村产业发展司等有关司局、各省（自治区、直辖市）农业农村相关部门、有关企事业单位的大力支持，在此一并表示感谢。

由于编写人员水平所限，书中遗漏、错误等在所难免，恳请读者批评指正。

编者

2022年6月

目 录

第一章　乡村特色产业概述 ………………………………………………… 1
　　一、乡村特色产业的概念 ………………………………………………… 2
　　二、乡村特色产业的作用 ………………………………………………… 2
　　三、"一村一品"与"十亿元镇亿元村" …………………………………… 3

第二章　乡村特色产业"一村一品"发展 ………………………………… 5
　　一、"一村一品"发展成效 ………………………………………………… 6
　　二、"一村一品"经验做法 ………………………………………………… 7

第三章　乡村特色产业"十亿元镇亿元村"发展 ………………………… 11
　　一、"十亿元镇亿元村"概况 ……………………………………………… 12
　　二、"十亿元镇亿元村"空间和产业分布 ………………………………… 25
　　三、"十亿元镇亿元村"典型村镇筛选方式 ……………………………… 26
　　四、"十亿元镇亿元村"产业发展特征 …………………………………… 29
　　五、"十亿元镇亿元村"经验做法 ………………………………………… 31
　　六、"十亿元镇亿元村"案例亮点启示 …………………………………… 32

第四章　乡村特色产业"十亿元镇亿元村"典型案例 …………………… 35
　　一、乡村特色产业"十亿元镇"典型案例 ………………………………… 36
　　　　（一）草原软黄金
　　　　　　——内蒙古鄂托克旗阿尔巴斯苏木阿尔巴斯绒山羊产业 ……… 36
　　　　（二）"参"谋远"绿"
　　　　　　——辽宁省本溪市桓仁满族自治县二棚甸子镇山参产业 ……… 42

（三）"鹿鼎记"
　　——吉林省长春市鹿乡镇鹿产业 …………………………………… 47

（四）花开富贵
　　——江苏省邳州市八路镇花卉产业 ………………………………… 51

（五）"一菌"突起
　　——江苏省连云港市灌南县新安镇食用菌产业 …………………… 55

（六）"千金草"石斛
　　——安徽省六安市霍山县太平畈乡石斛产业 ……………………… 59

（七）精打细"蒜"
　　——山东省菏泽市成武县大田集镇大蒜产业 ……………………… 65

（八）中国味道
　　——山东省德州市乐陵市杨安镇调味品产业 ……………………… 69

（九）"薯"香世家
　　——山东省枣庄市滕州市界河镇马铃薯产业 ……………………… 73

（十）信阳毛尖
　　——河南省信阳市浉河区董家河镇茶产业 ………………………… 77

（十一）"瓜瓜奇谈"
　　——河南省夏邑县北岭镇西瓜产业 ………………………………… 82

（十二）稻花香里说丰年
　　——湖北省襄阳市襄州区龙王镇稻虾产业 ………………………… 88

（十三）蔬菜长廊通小康
　　——湖北省咸宁市嘉鱼县潘家湾镇蔬菜产业 ……………………… 95

（十四）接天莲叶无穷碧
　　——湖南省湘潭市湘潭县花石镇湘莲产业 ………………………… 101

（十五）"李植"气壮
　　——广东省茂名市信宜市钱排镇三华李产业 ……………………… 106

（十六）荔枝图序
　　——广东省湛江市廉江市良垌镇荔枝产业 ………………………… 110

（十七）舌尖上的腊味
　　——广东省中山市黄圃镇腊味产业 ………………………………… 114

（十八）生"金"止贫小金橘
　　——广西壮族自治区桂林市阳朔县白沙镇金橘产业 ……………… 118

（十九）春城花都
　　——云南省昆明市呈贡区斗南社区花卉产业 ………………………… 123

（二十）"榴"金岁月
　　——云南省红河州蒙自县新安所镇石榴产业 ………………………… 126

（二十一）红火热辣好日子
　　——新疆生产建设兵团第二师二十二团辣椒产业 …………………… 130

二、乡村特色产业"亿元村"典型案例 ……………………………………… 134

（一）首都菜篮子
　　——北京市房山区大石窝镇南河村蔬菜产业 ………………………… 134

（二）"牛牛牛"
　　——山西省文水县刘胡兰镇保贤村肉牛产业 ………………………… 137

（三）"桃花源记"
　　——山西省阳泉市平坦镇桃林沟村休闲农业 ………………………… 141

（四）红莓赞
　　——辽宁省丹东市东港市椅圈镇李家店村草莓产业 ………………… 145

（五）玉米香嘭嘭
　　——上海市浦东新区宣桥镇新安村鲜食玉米产业 …………………… 149

（六）"莓"好田园
　　——江苏省扬州市仪征市马集镇合心村黑莓产业 …………………… 152

（七）红莓雪桃，古镇留芳
　　——江苏省南京市溧水区东屏街道长乐社区水果与休闲农业 ……… 156

（八）跨界横行的大闸蟹
　　——江苏省盐城市建湖县恒济镇苗庄村大闸蟹产业 ………………… 160

（九）玉笛声动苦竹林
　　——浙江省杭州市余杭区中泰街道紫荆村竹笛产业 ………………… 164

（十）一业"鲍"富
　　——福建省晋江市金井镇围头村鲍鱼产业 …………………………… 169

（十一）"粉"发图强
　　——山东省泰安市宁阳县乡饮乡南赵庄村粉皮产业 ………………… 172

（十二）金"交"银"编"草肚皮
　　——山东省滨州市博兴县锦秋街道湾头村草柳编产业 ……………… 177

（十三）她在"葱"中笑
　　——山东省德州市庆云县徐园子乡张培元村大葱产业 ……………… 180

（十四）一"业"鱼龙舞
　　　——河南省许昌市建安区灵井镇霍庄村社火道具产业 ………… 184
（十五）"猪"联"米"合
　　　——河南省焦作市武陟县乔庙镇马宣寨村稻猪产业 …………… 187
（十六）甜蜜事业
　　　——河南省长葛市佛耳湖镇尚庄村蜂产业 ………………………… 192
（十七）湖蒿满地"春潮"暖
　　　——湖北省黄石市阳新县兴国镇宝塔村湖蒿产业 ……………… 196
（十八）通"销"达"蛋"
　　　——湖南省衡阳市衡东县霞流镇李花村禽蛋产业 ……………… 200
（十九）好一朵美丽的茉莉花
　　　——广西壮族自治区南宁市横州市校椅镇石井村茉莉花产业 ……… 203
（二十）"苗"绘新生活
　　　——广西壮族自治区钦州市灵山县武利镇汉塘村果苗产业 …… 208
（二十一）千树万树梨花开
　　　——重庆市永川区南大街街道黄瓜山村多产业融合 …………… 212
（二十二）"做"享其"橙"
　　　——重庆市奉节县永乐镇大坝村脐橙产业 ………………………… 218
（二十三）葡萄架下
　　　——四川省眉山市彭山区观音街道果园村葡萄产业 …………… 221
（二十四）"农家乐"先行者
　　　——四川省成都市郫都区农科村休闲农业 ………………………… 226
（二十五）"杏"福社区
　　　——四川省成都市青白江区福洪镇杏花社区杏产业 …………… 231
（二十六）摘尽枇杷一树金
　　　——四川省攀枝花市米易县草场乡龙华村枇杷产业 …………… 236
（二十七）茶海画中游
　　　——贵州省凤冈县永安镇田坝村茶产业 …………………………… 241
（二十八）侗乡参娃娃
　　　——贵州省黔东南苗族侗族自治州施秉县牛大场镇
　　　　　牛大场村太子参产业 ……………………………………………… 245
（二十九）关中民俗第一村
　　　——陕西省咸阳市礼泉县烟霞镇袁家村休闲农业 ……………… 248

第一章 乡村特色产业概述

一、乡村特色产业的概念

"乡村特色产业"是以区域特色资源为依托，以市场需求为导向，以科技进步为支撑，通过自主创新，培育发展具有区域特色，能把区域特色资源优势转化为经济优势和竞争优势，使区域农业产业结构优化完善、区域经济形成核心竞争力的农业产业或农业产业体系[①]。本书中的"乡村特色产业"特指乡村的农业特色产业。

二、乡村特色产业的作用

经过多年艰苦卓绝的努力，我国终于完成了消除绝对贫困的艰巨任务，脱贫攻坚取得全面胜利。这其中，乡村特色产业发挥了重要作用，特别是在全国832个国家级贫困县，也就是脱贫攻坚战的"硬骨头"，几乎全部发展了乡村特色产业，并以其联农带贫利益联结机制为最终脱贫作出了重要贡献。

2021年农业农村部、国家发展和改革委员会、财政部、商务部、文化和旅游部、中国人民银行、中国银行保险监督管理委员会、国家林业和草原局、国家乡村振兴局、中华全国供销合作总社等部委联合发布《关于推动脱贫地区特色产业可持续发展的指导意见》，指出"发展产业是实现脱贫的根本之策，产业兴旺是乡村振兴的物质基础。实现巩固拓展脱贫攻坚成果同乡村振兴有效衔接，发展壮大特色产业至关重要。"并提出"到2025年，脱贫地区特色产业发展基础更加稳固，产业布局更加优化，产业体系更加完善，产销衔接更加顺畅，农民增收渠道持续拓宽，发展活力持续增强。壮大一批有地域特色的主导产业，建成一批绿色标准化生产基地，培育一批带动力强的农业企业集团，打造一批影响力大的特色品牌"的目标。

---

① 杜文忠，唐贵伍. 西部地区县域特色产业发展对策研究[J]. 重庆大学学报（社会科学版），2010，16（3）：1-6.

三、"一村一品"与"十亿元镇亿元村"

"一村一品"是日本20世纪70年代末提出的农村产业发展运动。为推动乡村特色产业发展，2010年农业部发布《关于推进"一村一品"强村富民工程的意见》，提出以专业村镇为基础，整合各类资源要素，整村整乡推进优势资源开发，推行农业规模化、标准化、集约化生产，打造特色优势品牌，促进主导产业优化升级，壮大村级经济实力，带动农民增收致富。

在我国农村劳动力转移规模不断扩大，土地流转明显加快，对农户的专业化、规模化生产要求迫切的情况下，推进"一村一品"正逢其时。"一村一品"以培育主导产业和促进农民增收为目标，发挥资源比较优势，坚持市场导向，强化科技、人才支撑，推进农业专业化、规模化、标准化生产，通过规划引导、政策支持、示范带动，充分发挥农民主体作用，促进优质粮食产业、园艺业、养殖业、农产品加工业、乡村旅游和休闲农业全面发展，为发展现代农业、建设社会主义新农村提供了坚实基础。

十多年来，各地政府高度重视，多措并举推进"一村一品"工作。一是发展优势主导产业，推动产业优化升级；二是培育市场主体，提高农业组织化水平；三是强化科技支撑，增强持续发展动力；四是打造特色品牌，提升产品竞争力。"一村一品"强村富民工程取得丰硕成果，有效促进了农村主导产业培育，激发了区域经济发展活力；推进农业专业化、规模化、标准化生产，提高了农业整体素质和竞争力；培养新型农民，提高了农民自我发展能力；开发农业多种功能，拓宽了农民就业增收渠道。

2010年至今，"全国'一村一品'示范村镇"认定和监测工作坚持不懈，日益完善，至2021年已认定十一批"全国'一村一品'示范村镇"。这些示范村镇主导产业优势特色鲜明、质量效益显著、联农带农紧密，产村、产镇融合发展趋势明显，有较强的辐射带动作用。在发展产业过程中，各村镇以不同方式将所辖区域内贫困户带入特色产业中，实现脱贫致富、共同富裕的目标。

经过十余年发展，"一村一品"已成为全国乡村特色产业发展的一个标志，一个抓手，一个品牌。"一村一品"示范村镇数量众多、作用持久，分布覆盖全国，成为乡村特色产业发展的重要推动力，也是展示我国乡村特色产业发展的窗口。农业特色产业蓬勃发展，发掘了一批乡土特色工艺，创响特色品牌10万余个。2020年，全国建成各类特色产业基地30多万个，每个脱贫县都形成了2~3个特色鲜明的主导产业[1]。面对如此良好的发展态势，农业农村部在"全国'一村一品'示范村镇"认定的基础上，从2020年开始推介"十亿元镇亿元村"，即特色产业总产值超过10亿元的乡镇和特色产业总产值超过1亿元的行政村，进一步突出先进典型，示范带动全国乡村特色产业发展，引领现代农业发展方向，助力实现乡村振兴。

---

[1] 李璐，汤春玲. 国内外农业特色产业的发展模式及经验借鉴[J]. 现代商业，2021，33：79-81.

第二章 乡村特色产业"一村一品"发展

一、"一村一品"发展成效

1. 特色产业日趋壮大

截至2021年年底,被农业农村部认定的全国"一村一品"示范村达2545个,示范镇1128个。区域覆盖全国除港澳台之外的所有31个省、市、自治区;产业涉及杂粮杂豆、蔬菜、食用菌、水果、道地药材、糖料、茶叶、咖啡、特色食品、特色手工、休闲农业等;产值总计接近8000亿元。2020年起,从这些村镇中选择产业发展好、产值高、带动能力强的优秀村镇进行"十亿元镇"和"亿元村"推介,2021年推介了174个"十亿镇"、249个"亿元村"。

2. 产业结构不断优化

从整体看,"一村一品"示范村镇主导产业有特色种植、特色养殖、特色食品、特色手工及新业态等五个大类,其中以特色种植数量最多。发展"一村一品"极大地推动了全国各地村镇实施农业产业结构调整、优化,挖掘乡村产业的多种功能与多重价值,村镇的主导产业更突出、产业链条更完善、产业要素更集聚,逐步实现专业化、标准化、集约化、规模化发展。"一村一品"产业类型从以传统种养业为主,逐渐向加工流通、休闲体验、农村电商、特色文化等一二三产业多领域拓展。目前,全国"一村一品"示范村镇农产品加工仓储能力超过1743万吨,40%的示范村和53%的示范镇建设了批发市场,60%的示范村和76%的示范镇搭建了电商平台。同时,一二三产业融合发展水平持续提高,休闲农业和乡村旅游持续发展,乡村新型服务业态不断涌现,有力地推动了乡村特色产业整体水平的提升,"一村一品"护航乡村特色产业走上"保粮食、稳供给、促增收、护生态、美乡村"良性发展的康庄大道。

3. 空间布局趋于合理

在习近平总书记"绿水青山就是金山银山"理论指引下,各地因地制宜,宜农则农、宜林则林、宜牧则牧、宜渔则渔,不仅发展了优势特色产业,还保护了当地的自然资源和生态环境,改善了农村人居环境,提升了农业资源的生态价值和乡村的功能价值。在大城市周边地区(如北京周边)的"一村一品"行动中还涌现出一批生态涵养区、城市发展新区、城市副中心和城市功能拓展区，对农业绿色发展、城乡协调发展、五化同步发展起到很好的示范推动作用。

4. 带动能力有效增强

在已认定的全国"一村一品"示范村镇中，有1/3的村镇主导产业从业农户超过80%，有力地壮大了乡村集体经济，有效地带动了农户稳定增收。通过强化与龙头企业、合作社的利益联结机制，全方位拓宽农产品销售渠道，促进一二三产业融合发展，进一步提高农民的参与度和获得感。2020年，约85%的示范村人均可支配收入比所在乡镇农村人均可支配收入高10%以上；约60%的示范镇人均可支配收入比全国农村人均可支配收入高10%以上。

5. 经营主体大幅提升

通过发展"一村一品"主导产业，培育了一批发展活跃的生产经营主体。示范村镇不断提升组织化程度，扶持培育龙头企业、农民专业合作社、家庭农场等新型经营主体，积极推进农业产业化联合体和产业联盟发展。2020年，全国"一村一品"示范村中企业数量达15623家，示范镇中企业数量高达90967家，特别是龙头企业数量持续增长；示范村和示范镇中的农民专业合作社数量分别为11657个和58933个。

6. 品牌意识快速增长

"一村一品"的发展不仅提高了产业效益，还打响了产业品牌，扩大了产品知名度，品牌价值持续提升，农产品市场竞争力不断增强。绿色有机发展理念逐步深化，一批绿色生产技术和模式得到推广使用。全国"一村一品"示范村镇拥有的绿色食品、有机农产品和农产品地理标志产品的数量近年来有显著增长。据监测，获得绿色食品、有机农产品认证的示范村镇占比超过70%，获得农产品地理标志登记的示范村镇占比超过59%。

二、"一村一品"经验做法

1. 精心组织，制度保障

全国各地高度重视"一村一品"示范村镇创建，将其纳入本地年度重点工作。如上海市实施"挂图作战"，对所有涉农区进行考核，每月提交工作进度，确保年度内每区都能遴选培育出1~2个村镇；广东省建立"一村一品、一镇一业"项目"1+N"管理制度，以工作方案配套项目库管理办法、认定办法等，提供制度保障，并通过项目网络管理、资金直接拨付到实施主体等创新手段，提高"一村一品、一镇一业"工作效率和管理精准度；江苏省每年认真遴选、组织推荐主导产业突出、特色鲜明、附加值高、品牌知名度大、农民增收效果显著的专业村镇申报国家级专业示范村镇，扩充示范村镇队伍，发挥示范引领作用。

2. 科学规划，政策引导

为实现发展优势特色产业、促进农民就业增收的各项目标，各地纷纷出台相关行动计划、工作方案，由省农业农村厅牵头制定全省各大主要品种的产业发展指导意见和实施方案，指导"一村一品"创建，推进特色产业发展。各地在原有资源禀赋、自发形成的传统产业基础上，邀请专业单位进行科学规划，找准主导产业，确定空间布局和重点任务，以规划为依据，进行整体部署，稳步推进本地农业特色产业发展。如山东省自2016年起，先后连续出台了全省油料（花生）、果品、茶叶、桑蚕、蔬菜、食用菌、中药材等产业提质增效转型升级实施方案；2020年制定了梨、桃、葡萄、大樱桃及枣等水果产业发展的指导意见；2021年印发《农业优势特色产业培育方案（2021—2025年）》，指导寿光蔬菜、金乡大蒜、章丘大葱、沾化冬枣、栖霞苹果、莱阳黄梨、青州银瓜、乐陵小枣、潍县萝卜、平阴玫瑰、菏泽牡丹、日照绿茶、德州扒鸡13个优势特色产业发展，全省逐渐形成了指导特色产业发展的政策体系、规划体系。海南省产业基础较薄弱，坚持先试先行，逐步推进全省"一村一品"向纵深发展。着重突出本地特色，创建了以儋州市木棠镇铁匠村、昌江黎族自治县十月田镇好清村为代表的一批"全国'一村一品'示范村镇"。广西先后出台了《关于促进广西茶产业高质量发展的若干意见》《关于加快推进柳州螺蛳粉及广西优势特色米粉产业高质量发展实施方案的通知》《广西农产品加工业提升发展规划（2018—2022年）》等系列文件，积极开展"10+3"现代特色农业产业高质量发展三年提升行动、农产品加工集聚区建设三年行动等多项重大行动，通过规划引领"一村一品"特色产业发展。

3. 打造平台，产业提升

各地创建产业园区，积极申报和创建农业现代化示范区、现代农业产业园、特色产业集群、特色产业强镇等，加强标准化建设，为乡村特色产业提档升级找抓手、建平台，有效推动了特色产业向高质量发展。

湖北省以创建全程绿色标准化生产示范基地为重点，大力建设高效菜园、精品果园、生态茶园和道地药园，改造老基地，制定完善"三改三减"操作规范，加快"四园"基础设施配套，促进产业提档升级，提升"一村一品"发展水平；山东省印发《山东省特色农产品优势区建设规划（2018—2022年）》，进一步优化生产布局，做大做强特色产业，建设中国特色农产品优势区。同时，大力推进生产加工基地建设、标准化原料基地建设，引进推广新品种、新技术、新成果，全省农业地方标准和技术规程达到2600项，省级农业标准化生产基地达1309家；辽宁省先后出台了《辽宁省政府关于加快农产品加工业发展的实施意见》《辽宁省政府办公厅关于印发2017—2020年农产品加工集聚区发展规划》《辽宁省政府办公厅关于印发辽宁省省级农产品加工示范集聚区管理暂行办法》等，以建设特色农产品加工集聚区为载体，促进特色产业集聚发展，现已建成21个农产品加工集聚区，形成了集专用品种、原料基地、农产品加工、现代物流、便捷营销为一体的绿色、循环、生态、高效的特色产业发展先导区。

4. 宣传推介，品牌升值

特色农业产业要出效益，需要亮出品牌，叫响品牌。多地通过申请注册"三品一标"、打造区域公共品牌等措施保障农产品品质，通过各种形式的现场推介、网上直播、媒体报道等大力宣传推介，提高市场知名度。如在2020年中国安徽名优农产品暨农业产业化交易会上，专设了"一村一品"展厅，集中展示了42个省级"一村一品"示范村镇的优质特色农产品，并与电视台合作打造安徽省"一村一品"系列节目进行连续报导；江苏省打造了南京白马镇蓝莓、无锡阳山镇水蜜桃、徐州马庄村香包、句容丁庄村葡萄等一批区域性特色产业代表，发展了邳州白蒜、阳澄湖大闸蟹、射阳大米等国家地理标志产品，以及绿色和有机认证615个，并打造了"连天下""淮味千年""宿有千香""善田江宁"等一系列区域公用品牌。

第三章 乡村特色产业"十亿元镇亿元村"发展

一、"十亿元镇亿元村"概况

2020年,"全国'一村一品'示范村镇"认定工作开展十周年之际,农业农村部根据2011年以来认定的11批"全国'一村一品'示范村镇"监测数据,遴选产业发展好、产值高、带动强的优秀村镇,推介全国乡村特色产业"十亿元镇亿元村"。2020年推介91个"十亿元镇"和136个"亿元村"(表3-1,表3-2),2021年推介174个"十亿元镇"和249个"亿元村"(表3-3,表3-4),数量稳步增加。

表3-1　2020年"全国乡村特色产业十亿元镇"名单

序号	名称	序号	名称
1	河北省保定市安国市郑章镇	16	江苏省无锡市滨湖区马山街道
2	河北省沧州市青县曹寺乡	17	江苏省徐州市丰县宋楼镇
3	河北省衡水市饶阳县王同岳乡	18	江苏省徐州市邳州市八路镇
4	内蒙古自治区鄂尔多斯市鄂托克旗阿尔巴斯苏木	19	江苏省徐州市邳州市铁富镇
5	辽宁省大连市庄河市光明山镇	20	江苏省常州市金坛区尧塘镇
6	辽宁省本溪市桓仁满族自治县二棚甸子镇	21	江苏省常州市溧阳市天目湖镇
7	辽宁省锦州市北镇市中安镇	22	江苏省连云港市灌南县新安镇
8	辽宁省朝阳市凌源市刘杖子镇	23	江苏省淮安市淮安区苏嘴镇
9	吉林省长春市双阳区鹿乡镇	24	江苏省盐城市盐都区楼王镇
10	吉林省吉林市蛟河市黄松甸镇	25	江苏省盐城市东台市三仓镇
11	吉林省延边朝鲜族自治州汪清县天桥岭镇	26	江苏省盐城市东台市富安镇
12	黑龙江省哈尔滨市尚志市珍珠山乡	27	江苏省宿迁市沭阳县颜集镇
13	黑龙江省牡丹江市东宁市绥阳镇	28	江苏省宿迁市沭阳县新河镇
14	江苏省南京市高淳区阳江镇	29	江苏省宿迁市沭阳县庙头镇
15	江苏省无锡市惠山区阳山镇	30	江苏省泰州市兴化市垛田镇

续表

序号	名称	序号	名称
31	江苏省泰州市兴化市安丰镇	60	河南省商丘市夏邑县车站镇
32	浙江省宁波市慈溪市横河镇	61	河南省商丘市夏邑县北岭镇
33	浙江省金华市磐安县新渥街道	62	河南省信阳市浉河区董家河镇
34	浙江省丽水市松阳县新兴镇	63	河南省信阳市潢川县卜塔集镇
35	安徽省合肥市长丰县水湖镇	64	河南省周口市郸城县汲冢镇
36	安徽省阜阳市太和县李兴镇	65	湖北省宜昌市枝江市七星台镇
37	安徽省阜阳市阜南县黄岗镇	66	湖北省襄阳市襄州区龙王镇
38	安徽省六安市霍山县太平畈乡	67	湖北省襄阳市枣阳市新市镇
39	福建省漳州市诏安县太平镇	68	湖北省荆州市监利县黄歇口镇
40	福建省漳州市平和县小溪镇	69	湖北省咸宁市嘉鱼县潘家湾镇
41	福建省龙岩市连城县朋口镇	70	湖北省天门市张港镇
42	江西省南昌市进贤县文港镇	71	湖南省长沙市长沙县金井镇
43	江西省九江市庐山市横塘镇	72	湖南省湘潭市湘潭县花石镇
44	山东省济南市济阳区曲堤镇	73	湖南省岳阳市临湘市羊楼司镇
45	山东省济南市商河县白桥镇	74	湖南省常德市桃源县茶庵铺镇
46	山东省青岛市平度市明村镇	75	广东省湛江市廉江市良垌镇
47	山东省烟台市牟平区观水镇	76	广西壮族自治区桂林市阳朔县白沙镇
48	山东省威海市荣成市俚岛镇	77	广西壮族自治区桂林市荔浦市修仁镇
49	山东省日照市岚山区巨峰镇	78	四川省德阳市罗江区鄢家镇
50	山东省临沂市沂水县许家湖镇	79	四川省内江市东兴区田家镇
51	山东省德州市乐陵市杨安镇	80	云南省昭通市昭阳区洒渔镇
52	山东省德州市乐陵市朱集镇	81	陕西省西安市蓝田县华胥镇
53	山东省聊城市莘县燕店镇	82	陕西省宝鸡市眉县金渠镇
54	山东省滨州市沾化区下洼镇	83	陕西省渭南市华州区瓜坡镇
55	山东省滨州市博兴县店子镇	84	陕西省榆林市靖边县东坑镇
56	山东省菏泽市成武县大田集镇	85	新疆生产建设兵团第一师阿拉尔市 5 团
57	河南省焦作市博爱县孝敬镇	86	新疆生产建设兵团第一师阿拉尔市 10 团
58	河南省漯河市临颍县王岗镇	87	新疆生产建设兵团第一师阿拉尔市 13 团
59	河南省南阳市西峡县丁河镇	88	新疆生产建设兵团第二师铁门关市 22 团

续表

序号	名称	序号	名称
89	新疆生产建设兵团第四师可克达拉市61团	91	新疆生产建设兵团第十三师红星一场
90	新疆生产建设兵团第四师可克达拉市73团		

表3-2 2020年"全国乡村特色产业亿元村"名单

序号	名称	序号	名称
1	北京市房山区窦店镇窦店村	20	黑龙江省齐齐哈尔市昂昂溪区榆树屯镇大五福玛村
2	北京市平谷区峪口镇西凡各庄村	21	黑龙江省齐齐哈尔市龙沙区大民镇大民村
3	河北省邢台市宁晋县苏家庄镇伍烈霍村	22	黑龙江省牡丹江市海林市蔬菜村
4	河北省邢台市内丘县侯家庄乡岗底村	23	黑龙江省牡丹江市穆棱市下城子镇悬羊村
5	河北省衡水市深州市穆村乡西马庄村	24	上海市宝山区罗店镇天平村
6	山西省朔州市怀仁市亲和乡南小寨村	25	江苏省南京市六合区马集镇大圣村
7	山西省晋中市祁县里村	26	江苏省南京市溧水区东屏街道长乐社区
8	山西省吕梁市文水县刘胡兰镇保贤村	27	江苏省南京市溧水区洪蓝镇傅家边村
9	辽宁省沈阳市辽中区刘二堡镇皮家堡村	28	江苏省南京市溧水区晶桥镇水晶村
10	辽宁省沈阳市辽中区冷子堡镇金山堡村	29	江苏省无锡市江阴市顾山镇红豆村
11	辽宁省沈阳市新民市大民屯镇方巾牛村	30	江苏省无锡市宜兴市万石镇后洪村
12	辽宁省大连市旅顺口区双岛湾街道张家村	31	江苏省无锡市宜兴市湖㳇镇张阳村
13	辽宁省大连市普兰店区四平镇街道费屯村	32	江苏省徐州市新沂市瓦窑镇街集村
14	辽宁省大连市瓦房店市复州城镇八里村	33	江苏省常州市天宁区郑陆镇黄天荡村
15	辽宁省丹东市宽甸县满族自治区长甸镇河口村	34	江苏省苏州市吴中区甪直镇江湾村
16	辽宁省丹东市东港市椅圈镇李家店村	35	江苏省苏州市常熟市董浜镇东盾村
17	辽宁省营口市大石桥市高坎镇党家村	36	江苏省苏州市常熟市董浜镇里睦村
18	辽宁省铁岭市昌图县平安堡镇十里村	37	江苏省南通市如皋市江安镇联络新社区
19	吉林省长春市榆树市八号镇北沟村	38	江苏省南通市海安市李堡镇光明村

续表

序号	名称	序号	名称
39	江苏省连云港市赣榆区厉庄镇谢湖村	66	安徽省宿州市埇桥区大泽乡镇幸福村
40	江苏省连云港市灌南县新集镇周庄村	67	安徽省宿州市埇桥区西二铺乡沈家村
41	江苏省盐城市建湖县恒济镇苗庄村	68	安徽省宿州市埇桥区西二铺乡沟西村
42	江苏省扬州市江都区小纪镇吉东村	69	安徽省宣城市宁国市南极乡梅村村
43	江苏省扬州市仪征市马集镇合心村	70	福建省福州市罗源县起步镇上长治村
44	江苏省镇江市句容市白兔镇白兔村	71	福建省泉州市晋江市金井镇围头村
45	江苏省镇江市句容市后白镇西冯村	72	福建省漳州市云霄县下河乡下河村
46	江苏省镇江市句容市天王镇唐陵村	73	福建省漳州市云霄县马铺乡客寮村
47	江苏省镇江市句容市茅山镇丁庄村	74	福建省宁德市福鼎市点头镇柏柳村
48	江苏省镇江市句容市茅山镇丁家边村	75	江西省九江市永修县柘林镇易家河村
49	江苏省泰州市姜堰区桥头镇桥头村	76	江西省九江市都昌县周溪镇虬门村
50	江苏省泰州市兴化市千垛镇东旺村	77	江西省抚州市崇仁县孙坊镇庙上村
51	江苏省泰州市泰兴市祁巷村	78	山东省潍坊市坊子区坊安街道洼里村
52	江苏省宿迁市沭阳县庙头镇聚贤村	79	山东省泰安市宁阳县乡饮乡南赵庄村
53	浙江省杭州市萧山区益农镇三围村	80	河南省鹤壁市淇滨区上峪乡桑园村
54	浙江省杭州市余杭区中泰街道紫荆村	81	河南省焦作市武陟县乔庙镇马宣寨村
55	浙江省杭州市余杭区径山镇径山村	82	河南省许昌市建安区灵井镇霍庄村
56	浙江省宁波市余姚市陆埠镇裘岙村	83	河南省许昌市长葛市佛耳湖镇尚庄村
57	浙江省湖州市南浔区菱湖镇陈邑村	84	湖北省黄石市阳新县兴国镇宝塔村
58	浙江省湖州市安吉县天荒坪镇大溪村	85	湖北省黄石市大冶市保安镇沼山村
59	浙江省台州市三门县海润街道涛头村	86	湖北省宜昌市夷陵区小溪塔街道办仓屋榜村
60	浙江省丽水市庆元县竹口镇黄坛村	87	湖北省宜昌市秭归县水田坝乡王家桥村
61	安徽省合肥市巢湖市中垾镇小联圩村	88	湖北省荆州市荆州区川店镇紫荆村
62	安徽省马鞍山市含山县环峰镇祁门村	89	湖南省长沙市长沙县金井镇湘丰村
63	安徽省淮北市烈山区烈山镇榴园社区	90	湖南省湘西土家族苗族自治州默戎镇古丈县牛角山村
64	安徽省滁州市来安县舜山镇林桥村	91	广东省韶关市仁化县大桥镇长坝村
65	安徽省滁州市凤阳县小溪河镇小岗村	92	广东省珠海市斗门区白蕉镇昭信村

续表

序号	名称	序号	名称
93	广西壮族自治区柳州市柳城县东泉镇柳城华侨农场	115	四川省资阳市安岳县龙台镇花果村
94	广西壮族自治区柳州市鹿寨县鹿寨镇石路村	116	四川省资阳市安岳县龙台镇石笋村
95	广西壮族自治区桂林市全州县绍水镇柳甲村	117	四川省凉山彝族自治州雷波县五官乡青杠村
96	广西壮族自治区钦州市灵山县武利镇汉塘村	118	贵州省贵阳市修文县谷堡乡平滩村
97	广西壮族自治区贵港市覃塘区覃塘街道龙凤村	119	贵州省遵义市凤冈县永安镇田坝村
98	广西壮族自治区来宾市武宣县桐岭镇和律村	120	贵州省安顺市平坝区天龙镇高田村
99	海南省澄迈县桥头镇沙土村	121	贵州省安顺市平坝区天龙镇二官村
100	重庆市江津区吴滩镇现龙村	122	贵州省黔东南苗族侗族自治州施秉县牛大场镇牛大场村
101	重庆市江津区石门镇李家村	123	云南省昆明市呈贡区斗南镇斗南村
102	重庆市永川区南大街街道黄瓜山村	124	云南省曲靖市麒麟区珠街街道中所村
103	重庆市梁平区礼让镇川西村	125	云南省丽江市华坪县龙头村
104	重庆市奉节县永乐镇大坝村	126	云南省楚雄彝族自治州姚安县前场镇新街村
105	四川省成都市青白江区福洪镇杏花村	127	云南省西双版纳傣族自治州勐海县布朗山乡班章村
106	四川省成都市郫都区友爱镇农科村	128	云南省西双版纳傣族自治州勐海县格朗和乡南糯山村
107	四川省成都市邛崃市夹关镇龚店村	129	云南省西双版纳傣族自治州勐海县勐遮镇曼根村
108	四川省攀枝花市米易县草场乡龙华村	130	云南省德宏傣族景颇族自治州芒市轩岗乡芒棒村
109	四川省德阳市旌阳区东湖乡高槐村	131	陕西省宝鸡市岐山县蔡家坡镇唐家岭村
110	四川省眉山市彭山区观音镇果园村	132	陕西省宝鸡市眉县金渠镇年第村
111	四川省眉山市丹棱县双桥镇梅湾村	133	陕西省咸阳市礼泉县西张堡镇白村
112	四川省眉山市洪雅县中山乡前锋村	134	陕西省咸阳市礼泉县烟霞镇袁家村
113	四川省宜宾市高县大窝镇大屋村	135	甘肃省酒泉市瓜州县西湖乡西湖村
114	四川省宜宾市筠连县巡司镇银星村	136	甘肃省酒泉市敦煌市月牙泉镇月牙泉村

表3-3　2021年"全国乡村特色产业十亿元镇"名单

序号	名称	序号	名称
1	河北省唐山市乐亭县中堡镇	28	江苏省徐州市邳州市八路镇
2	河北省唐山市遵化市平安城镇	29	江苏省徐州市丰县宋楼镇
3	河北省保定市定州市大辛庄镇	30	江苏省宿迁市泗阳县八集乡
4	河北省沧州市沧县崔尔庄镇	31	江苏省宿迁市沭阳县颜集镇
5	河北省沧州市东光县连镇镇	32	江苏省宿迁市沭阳县新河镇
6	河北省秦皇岛市昌黎县荒佃庄镇	33	江苏省宿迁市沭阳县庙头镇
7	河北省秦皇岛市昌黎县龙家店镇	34	江苏省泰州市姜堰区溱潼镇
8	河北省衡水市武强县东孙庄镇	35	江苏省泰州市兴化市垛田镇
9	河北省衡水市饶阳县王同岳乡	36	江苏省泰州市兴化市安丰镇
10	内蒙古自治区赤峰市克什克腾旗浩来呼热苏木	37	江苏省常州市金坛区尧塘镇
11	内蒙古自治区鄂尔多斯市鄂托克旗阿尔巴斯苏木	38	江苏省常州市武进区嘉泽镇
12	辽宁省大连市庄河市光明山镇	39	江苏省淮安市淮安区苏嘴镇
13	辽宁省丹东市东港市椅圈镇	40	江苏省无锡市滨湖区马山街道
14	辽宁省锦州市北镇市中安镇	41	江苏省连云港市灌南县新安镇
15	辽宁省本溪市桓仁满族自治县二棚甸子镇	42	江苏省盐城市盐都区楼王镇
16	吉林省长春市双阳区鹿乡镇	43	江苏省盐城市东台市富安镇
17	吉林省吉林市舒兰市平安镇	44	江苏省盐城市东台市三仓镇
18	吉林省吉林市蛟河市黄松甸镇	45	浙江省舟山市普陀区展茅街道
19	黑龙江省哈尔滨市尚志市珍珠山乡	46	浙江省金华市磐安县新渥镇
20	黑龙江省齐齐哈尔市泰来县克利镇	47	浙江省丽水市松阳县新兴镇
21	黑龙江省绥化市肇东市昌五镇	48	安徽省合肥市巢湖市槐林镇
22	黑龙江省牡丹江市东宁市绥阳镇	49	安徽省合肥市长丰县水湖镇
23	上海市浦东新区宣桥镇	50	安徽省芜湖市南陵县许镇镇
24	江苏省南京市高淳区阳江镇	51	安徽省六安市裕安区独山镇
25	江苏省徐州市贾汪区耿集镇	52	安徽省六安市霍山县太平畈乡
26	江苏省徐州市丰县范楼镇	53	安徽省阜阳市阜南县黄岗镇
27	江苏省徐州市邳州市铁富镇	54	安徽省阜阳市太和县李兴镇

续表

序号	名称	序号	名称
55	福建省南平市武夷山市星村镇	84	山东省潍坊市临朐县山旺镇
56	福建省泉州市安溪县尚卿乡	85	山东省潍坊市青州市谭坊镇
57	福建省泉州市安溪县感德镇	86	山东省威海市文登区界石镇
58	福建省三明市沙县夏茂镇	87	山东省威海市乳山市海阳所镇
59	福建省宁德市福鼎市点头镇	88	山东省威海市荣成市俚岛镇
60	福建省漳州市诏安县太平镇	89	山东省临沂市沂南县辛集镇
61	福建省漳州市平和县小溪镇	90	山东省临沂市沂南县铜井镇
62	福建省龙岩市连城县朋口镇	91	山东省临沂市兰陵县庄坞镇
63	江西省南昌市进贤县三里乡	92	山东省临沂市费县胡阳镇
64	江西省九江市庐山市横塘镇	93	山东省临沂市费县东蒙镇
65	山东省济南市历城区唐王镇	94	山东省临沂市平邑县地方镇
66	山东省济南市长清区万德街道	95	山东省临沂市平邑县郑城镇
67	山东省济南市商河县玉皇庙镇	96	山东省临沂市蒙阴县旧寨乡
68	山东省济南市商河县白桥镇	97	山东省临沂市沂水县许家湖镇
69	山东省济南市济阳区曲堤镇	98	山东省德州市乐陵市黄夹镇
70	山东省青岛市平度市云山镇	99	山东省德州市乐陵市杨安镇
71	山东省青岛市平度市新河镇	100	山东省德州市乐陵市朱集镇
72	山东省青岛市平度市明村镇	101	山东省聊城市阳谷县阿城镇
73	山东省青岛市莱西市店埠镇	102	山东省聊城市莘县燕店镇
74	山东省淄博市沂源县中庄镇	103	山东省滨州市惠民县皂户李镇
75	山东省枣庄市滕州市界河镇	104	山东省滨州市惠民县麻店镇
76	山东省枣庄市山亭区城头镇	105	山东省滨州市博兴县乔庄镇
77	山东省东营市广饶县大码头镇	106	山东省滨州市博兴县店子镇
78	山东省东营市广饶县大王镇	107	山东省滨州市沾化区下洼镇
79	山东省东营市利津县盐窝镇	108	山东省菏泽市定陶区陈集镇
80	山东省烟台市蓬莱市大辛店镇	109	山东省菏泽市曹县青堌集镇
81	山东省烟台市牟平区观水镇	110	山东省菏泽市曹县曹县大集镇
82	山东省潍坊市寒亭区固堤街道	111	山东省菏泽市成武县大田集镇
83	山东省潍坊市昌乐县宝都街道	112	山东省济宁市金乡县马庙镇

续表

序号	名称	序号	名称
113	山东省济宁市梁山县杨营镇	141	广东省茂名市信宜市钱排镇
114	山东省日照市岚山区巨峰镇	142	广东省茂名市茂南区公馆镇
115	河南省开封市杞县苏木乡	143	广东省茂名市电白区博贺镇
116	河南省洛阳市新安县五头镇	144	广东省揭阳市揭东区埔田镇
117	河南省鹤壁市浚县善堂镇	145	广东省惠州市惠阳区镇隆镇
118	河南省信阳市浉河区浉河港镇	146	广东省潮州市饶平县汫洲镇
119	河南省信阳市浉河区董家河镇	147	广东省中山市东升镇
120	河南省信阳市潢川县卜塔集镇	148	广东省中山市黄圃镇
121	河南省商丘市夏邑县车站镇	149	广西壮族自治区南宁市武鸣区双桥镇
122	河南省商丘市夏邑县北岭镇	150	广西壮族自治区贺州市平桂区羊头镇
123	河南省周口市郸城县汲冢镇	151	广西壮族自治区桂林市荔浦市修仁镇
124	河南省焦作市博爱县孝敬镇	152	广西壮族自治区桂林市阳朔县白沙镇
125	河南省漯河市临颍县王岗镇	153	四川省成都市金堂县清江镇
126	湖北省咸宁市赤壁市茶庵镇	154	四川省成都市金堂县官仓镇
127	湖北省咸宁市咸安区贺胜桥镇	155	四川省成都市简阳市贾家镇
128	湖北省咸宁市嘉鱼县潘家湾镇	156	四川省泸州市江阳区通滩镇
129	湖北省黄冈市蕲春县漕河镇	157	四川省内江市东兴区田家镇
130	湖北省仙桃市张沟镇	158	贵州省安顺市镇宁布依族苗族自治县六马镇
131	湖北省襄阳市襄州区龙王镇	159	云南省丽江市华坪县石龙坝镇
132	湖北省宜昌市枝江市七星台镇	160	云南省丽江市华坪县荣将镇
133	湖北省荆州市监利县黄歇口镇	161	云南省红河哈尼族彝族自治州蒙自市新安所镇
134	湖北省天门市张港镇	162	云南省大理白族自治州宾川县金牛镇
135	湖北省潜江市老新镇	163	云南省昭通市昭阳区洒渔镇
136	湖南省湘潭市湘潭县茶恩寺镇	164	陕西省西安市蓝田县华胥镇
137	湖南省湘潭市湘潭县花石镇	165	陕西省咸阳市泾阳县云阳镇
138	湖南省岳阳市临湘市羊楼司镇	166	陕西省榆林市定边县白泥井镇
139	湖南省常德市桃源县茶庵铺镇	167	陕西省榆林市靖边县东坑镇
140	广东省湛江市徐闻县曲界镇	168	陕西省渭南市韩城市芝阳镇

续表

序号	名称	序号	名称
169	陕西省宝鸡市眉县金渠镇	172	新疆生产建设兵团第一师阿拉尔市 11 团
170	甘肃省平凉市庄浪县万泉镇	173	新疆生产建设兵团第一师阿拉尔市 13 团
171	新疆生产建设兵团第一师阿拉尔市 10 团	174	新疆生产建设兵团第三师图木舒克市 50 团

表3-4 2021年"全国乡村特色产业亿元村"名单

序号	名称	序号	名称
1	北京市房山区大石窝镇南河村	22	山西省朔州市怀仁市海北头乡海子村
2	北京市房山区窦店镇窦店村	23	山西省朔州市怀仁市亲和乡南小寨村
3	北京市顺义区赵全营镇北郎中村	24	山西省吕梁市文水县刘胡兰镇保贤村
4	北京市延庆区康庄镇小丰营村	25	山西省晋中市祁县城赵镇里村
5	北京市平谷区峪口镇西凡各庄村	26	内蒙古自治区赤峰市宁城县大城子镇瓦南村
6	天津市北辰区青光镇韩家墅村	27	辽宁省沈阳市辽中区刘二堡镇皮家堡村
7	河北省唐山市遵化市西留村乡朱山庄村	28	辽宁省沈阳市辽中区冷子堡镇金山堡村
8	河北省邢台市内丘县柳林镇东石河村	29	辽宁省沈阳市新民市柳河沟镇解放村
9	河北省邢台市内丘县侯家庄乡岗底村	30	辽宁省沈阳市新民市大民屯镇方巾牛村
10	河北省邢台市南和区贾宋镇郄村	31	辽宁省大连市金州区大魏家街道荞麦山村
11	河北省邢台市宁晋县苏家庄镇伍烈霍村	32	辽宁省大连市金州区七顶山街道老虎山社区
12	河北省保定市清苑区东闾乡南王庄村	33	辽宁省大连市庄河市石城乡花山村
13	河北省保定市唐县南店头乡葛堡村	34	辽宁省大连市长海县大长山岛镇小盐场村
14	河北省保定市竞秀区江城乡大汲店村	35	辽宁省大连市瓦房店市复城镇八里庄村
15	河北省沧州市黄骅市滕庄子乡孔店村	36	辽宁省大连市普兰店区四平街道费屯村
16	河北省沧州市南皮县大浪淀乡贾九拨村	37	辽宁省营口市盖州市太阳升街道黄大寨村
17	河北省廊坊市永清县别古庄镇后刘武营村	38	辽宁省营口市盖州市榜式堡镇马连峪村
18	河北省衡水市深州市穆村乡西马庄村	39	辽宁省营口市大石桥市高坎镇党家村
19	山西省太原市清徐县孟封乡杨房村	40	辽宁省辽阳市辽阳县刘二堡镇前杜村
20	山西省阳泉市郊区平坦镇桃林沟村	41	辽宁省铁岭市昌图县平安堡镇十里村
21	山西省晋城市阳城县北留镇皇城村	42	辽宁省丹东市东港市椅圈镇李家店村

续表

序号	名称	序号	名称
43	辽宁省丹东市宽甸满族自治县长甸镇河口村	69	江苏省徐州市新沂市瓦窑镇街集村
44	吉林省长春市榆树市八号镇北沟村	70	江苏省常州市溧阳市戴埠镇牛场村
45	吉林省白城市洮南市万宝镇西太平村	71	江苏省常州市天宁区郑陆镇黄天荡村
46	吉林省吉林市丰满区江南乡孟家村	72	江苏省连云港市东海县桃林镇北芹村
47	黑龙江省哈尔滨市呼兰区利业镇玉林村	73	江苏省连云港市东海县曲阳乡薛埠村
48	黑龙江省牡丹江市宁安市江南朝鲜族满族乡东安村	74	江苏省连云港市连云区高公岛街道黄窝村
49	黑龙江省牡丹江市海林市海林镇蔬菜村	75	江苏省连云港市赣榆区海头镇海前村
50	黑龙江省绥化市青冈县祯祥镇兆林村	76	江苏省连云港市赣榆区厉庄镇谢湖村
51	黑龙江省齐齐哈尔市昂昂溪区榆树屯镇大五福玛村	77	江苏省连云港市灌南县新集镇周庄村
52	黑龙江省齐齐哈尔市龙沙区大民街道大民村	78	江苏省盐城市大丰区大中街道恒北村
53	上海市浦东新区宣桥镇新安村	79	江苏省盐城市盐都区潘黄街道新民村
54	上海市浦东新区老港镇大河村	80	江苏省盐城市建湖县恒济镇苗庄村
55	上海市金山区廊下镇勇敢村	81	江苏省镇江市句容市白兔镇唐庄村
56	上海市松江区叶榭镇井凌桥村	82	江苏省镇江市句容市白兔镇白兔村
57	上海市宝山区罗店镇天平村	83	江苏省镇江市句容市茅山镇永兴村
58	江苏省南京市溧水区东屏街道长乐社区	84	江苏省镇江市句容市茅山镇丁庄村
59	江苏省南京市溧水区洪蓝镇傅家边村	85	江苏省镇江市句容市茅山镇丁家边村
60	江苏省南京市溧水区晶桥镇水晶村	86	江苏省镇江市句容市后白镇西冯村
61	江苏省南京市六合区马鞍街道大圣村	87	江苏省宿迁市宿城区耿车镇红卫村
62	江苏省无锡市宜兴市西渚镇白塔村	88	江苏省宿迁市沭阳县庙头镇聚贤村
63	江苏省无锡市宜兴市湖父镇张阳村	89	江苏省南通市如东县南通外向型农业综合开发区何丫村
64	江苏省无锡市宜兴市丁蜀镇西望村	90	江苏省南通市如皋市江安镇联络新社区
65	江苏省无锡市惠山区阳山镇桃源村	91	江苏省南通市海安市李堡镇光明村
66	江苏省徐州市睢宁县邱集镇仝海村	92	江苏省苏州市吴中区香山街道舟山村
67	江苏省徐州市新沂市阿湖镇桃岭村	93	江苏省苏州市常熟市董浜镇东盾村
68	江苏省徐州市新沂市高流镇老范村	94	江苏省苏州市常熟市董浜镇里睦村

续表

序号	名称	序号	名称
95	江苏省苏州市吴中区甪直镇江湾村	124	福建省福州市罗源县起步镇上长治村
96	江苏省淮安市金湖县银涂镇高邮湖村	125	福建省莆田市仙游县度尾镇湘溪村
97	江苏省泰州市泰兴市黄桥镇祁巷村	126	福建省三明市尤溪县洋中镇后楼村
98	江苏省泰州市兴化市千垛镇东旺村	127	福建省龙岩市漳平市南洋镇梧溪村
99	江苏省泰州市姜堰区三水街道桥头村	128	福建省龙岩市新罗区小池镇培斜村
100	江苏省扬州市江都区小纪镇吉东村	129	福建省泉州市晋江市金井镇南江村
101	江苏省扬州市仪征市马集镇合心村	130	福建省泉州市晋江市金井镇围头村
102	浙江省杭州市萧山区益农镇三围村	131	福建省宁德市蕉城区虎贝镇黄家村
103	浙江省台州市临海市涌泉镇梅岘村	132	福建省漳州市云霄县下河乡下河村
104	浙江省台州市三门县海润街道涛头村	133	江西省赣州市于都县梓山镇潭头村
105	浙江省湖州市南浔区和孚镇新荻村	134	江西省九江市都昌县周溪镇虬门村
106	浙江省湖州市南浔区千金镇东马干村	135	江西省九江市永修县柘林镇易家河村
107	浙江省湖州市南浔区菱湖镇陈邑村	136	江西省抚州市崇仁县孙坊镇庙上村
108	浙江省湖州市长兴县水口乡顾渚村	137	山东省济南市商河县玉皇庙镇瓦西村
109	浙江省湖州市安吉县天荒坪镇大溪村	138	山东省济南市莱芜区牛泉镇庞家庄村
110	浙江省宁波市余姚市陆埠镇裘岙村	139	山东省济宁市梁山县馆驿镇西张庄村
111	浙江省丽水市庆元县竹口镇黄坛村	140	山东省泰安市泰山区省庄镇小津口村
112	安徽省合肥市巢湖市中垾镇小联圩村	141	山东省泰安市宁阳县乡饮乡南赵庄村
113	安徽省阜阳市颍上县耿棚镇耿棚社区	142	山东省德州市庆云县徐园子乡张培元村
114	安徽省阜阳市阜南县郜台乡刘店村	143	山东省聊城市东昌府区堂邑镇路西村
115	安徽省宿州市埇桥区西二铺乡沟西村	144	山东省菏泽市巨野县麒麟镇南曹村
116	安徽省宿州市埇桥区西二铺乡沈家村	145	山东省青岛市即墨区田横镇周戈庄村
117	安徽省宿州市埇桥区大泽乡镇幸福村	146	山东省威海市荣成市成山镇西霞口社区
118	安徽省芜湖市芜湖县六郎镇北陶村	147	山东省滨州市博兴县锦秋街道湾头村
119	安徽省滁州市凤阳县小溪河镇小岗村	148	山东省临沂市费县上冶镇顺合村
120	安徽省滁州市来安县舜山镇林桥村	149	河南省开封市杞县葛岗镇孟寨村
121	安徽省马鞍山市含山县环峰镇祁门村	150	河南省安阳市林州市横水镇新庄村
122	安徽省宣城市宁国市南极乡梅村村	151	河南省商丘市夏邑县罗庄镇孙王庄村
123	安徽省淮北市烈山区烈山镇榴园社区	152	河南省驻马店市确山县竹沟镇竹沟村

续表

序号	名称	序号	名称
153	河南省洛阳市孟津区平乐镇平乐社区	174	广东省湛江市徐闻县曲界镇愚公楼村
154	河南省洛阳市孟津区朝阳镇南石山村	175	广东省河源市东源县上莞镇仙湖村
155	河南省平顶山市宝丰县大营镇清凉寺村	176	广东省揭阳市揭东区玉湖镇坪上村
156	河南省许昌市长葛市佛耳湖镇尚庄村	177	广东省惠州市博罗县石坝镇乌坭湖村
157	河南省许昌市建安区灵井镇霍庄村	178	广东省佛山市三水区西南街道青岐村
158	河南省焦作市武陟县乔庙镇马宣寨村	179	广东省云浮市罗定市泗纶镇杨绿村
159	湖北省襄阳市谷城县紫金镇花园村	180	广东省珠海市斗门区白蕉镇昭信村
160	湖北省荆门市钟祥市柴湖镇罗城村	181	广东省韶关市仁化县大桥镇长坝村
161	湖北省恩施土家族苗族自治州恩施市白杨坪镇洞下槽村	182	广西壮族自治区南宁市横州市校椅镇石井村
162	湖北省恩施土家族苗族自治州恩施市板桥镇大山顶村	183	广西壮族自治区桂林市灵川县潭下镇合群村
163	湖北省宜昌市夷陵区小溪塔街道仓屋榜村	184	广西壮族自治区桂林市永福县龙江乡龙山村
164	湖北省宜昌市秭归县水田坝乡王家桥村	185	广西壮族自治区桂林市全州县才湾镇南一村
165	湖北省黄石市阳新县兴国镇宝塔村	186	广西壮族自治区桂林市全州县绍水镇柳甲村
166	湖北省荆州市荆州区川店镇紫荆村	187	广西壮族自治区玉林市兴业县大平山镇陈村社区
167	湖南省岳阳市湘阴县樟树镇文谊新村	188	广西壮族自治区贵港市覃塘区覃塘街道龙凤村
168	湖南省郴州市临武县舜峰镇贝溪村	189	广西壮族自治区钦州市灵山县武利镇汉塘村
169	湖南省衡阳市衡东县霞流镇李花村	190	广西壮族自治区来宾市武宣县桐岭镇和律村
170	湖南省衡阳市衡阳县台源镇东湖寺村	191	广西壮族自治区柳州市柳江区三都镇觉山村
171	湖南省常德市鼎城区十美堂镇同兴村	192	广西壮族自治区柳州市柳城县东泉镇柳城华侨农场
172	湖南省益阳市安化县田庄乡高马二溪村	193	广西壮族自治区柳州市鹿寨县鹿寨镇石路村
173	广东省广州市花都区赤坭镇瑞岭村	194	海南省海口市秀英区石山镇施茶村

续表

序号	名称	序号	名称
195	海南省昌江黎族自治县十月田镇好清村	220	四川省宜宾市高县来复镇大屋村
196	海南省儋州市木棠镇铁匠村	221	四川省凉山彝族自治州雷波县千万贯乡青杠村
197	海南省澄迈县桥头镇沙土村	222	四川省资阳市安岳县龙台镇花果村
198	重庆市梁平区礼让镇川西村	223	贵州省贵阳市修文县谷堡镇平滩村
199	重庆市江津区石门镇李家村	224	贵州省铜仁市思南县三道水乡周寨村
200	重庆市江津区吴滩镇现龙村	225	贵州省遵义市凤冈县永安镇田坝村
201	重庆市奉节县永乐镇大坝村	226	贵州省安顺市平坝区天龙镇二官村
202	重庆市奉节县安坪镇三沱村	227	贵州省安顺市平坝区天龙镇高田村
203	重庆市荣昌区吴家镇双流村	228	云南省昆明市呈贡区斗南街道斗南社区
204	重庆市永川区南大街街道黄瓜山村	229	云南省丽江市华坪县荣将镇哲理村
205	四川省成都市龙泉驿区柏合街道长松村	230	云南省丽江市华坪县石龙坝镇民主村
206	四川省成都市邛崃市夹关镇龚店村	231	云南省丽江市华坪县石龙坝镇临江村
207	四川省成都市郫都区友爱镇农科村	232	云南省丽江市华坪县荣将镇龙头村
208	四川省成都市青白江区福洪镇杏花村	233	云南省临沧市双江自治县勐库镇冰岛村
209	四川省攀枝花市盐边县桐子林镇金河社区	234	云南省红河哈尼族彝族自治州石屏县龙朋镇甸中村
210	四川省攀枝花市米易县草场镇龙华社区	235	云南省楚雄彝族自治州姚安县前场镇新街社区
211	四川省广元市旺苍县木门镇三合村	236	云南省德宏傣族景颇族自治州芒市轩岗乡芒棒村
212	四川省乐山市夹江县吴场镇三管村	237	云南省曲靖市麒麟区珠街街道中所村
213	四川省眉山市东坡区三苏镇鸭池村	238	云南省西双版纳傣族自治州勐海县布朗山布朗族乡班章村
214	四川省眉山市彭山区观音街道果园村	239	陕西省咸阳市礼泉县烟霞镇袁家村
215	四川省眉山市丹棱县齐乐镇梅湾村	240	陕西省咸阳市礼泉县西张堡镇白村
216	四川省眉山市洪雅县中山镇前锋村	241	陕西省宝鸡市岐山县蔡家坡镇唐家岭村
217	四川省广安市邻水县柑子镇菜垭村	242	陕西省宝鸡市眉县金渠镇年第村
218	四川省巴中市平昌县土兴镇铁城村	243	甘肃省兰州市皋兰县什川镇长坡村
219	四川省宜宾市筠连县巡司镇银星村	244	甘肃省白银市靖远县东湾镇三合村

续表

序号	名称	序号	名称
245	甘肃省定西市陇西县首阳镇首阳村	248	宁夏回族自治区固原市原州区头营镇杨郎村
246	甘肃省酒泉市瓜州县西湖镇西湖村	249	宁夏回族自治区吴忠市利通区上桥镇牛家坊村
247	宁夏回族自治区银川市西夏区北堡镇昊苑村		

二、"十亿元镇亿元村"空间和产业分布

以2020、2021两年的评选结果看，入选"十亿元镇亿元村"数量排名前六的省份是江苏省、山东省、四川省、河北省、河南省和辽宁省[①]（图3-1）。东西部"十亿元镇

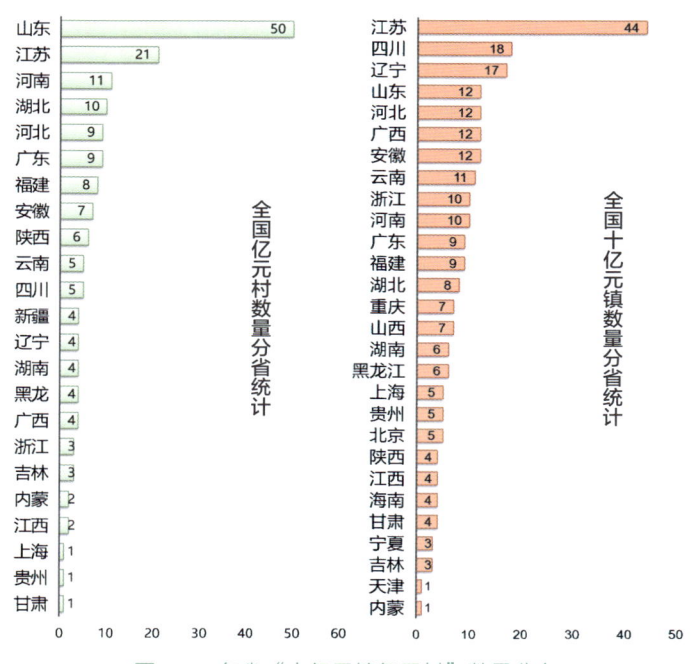

图 3-1　各省"十亿元镇亿元村"数量分布

---

① 河北省、河南省和辽宁省并列排名第四。

亿元村"差距仍较大，南北方差异较小。

将全国"十亿元镇亿元村"的空间分布与全国主体功能区划中的农业战略格局图相比较发现，2021年423个"十亿元镇亿元村"中，69.50%在农业主体功能区中，与国家2010年提出的农业战略格局高度吻合。分布最集中的为黄淮海平原主产区（共111个），其次为华中华东长江流域主产区（共97个），如图3-2所示。仍有部分村镇虽未在农业主体功能区中，但仍然发展为较大产业规模。体现较为突出的是云贵高原及与之相邻的广西壮族自治区北部区域。说明10年来全国乡村特色产业的发展符合国家农业发展规划布局，且相关政策引导和支持已见成效，并对其他地区的特色产业发展起到一定带动作用。

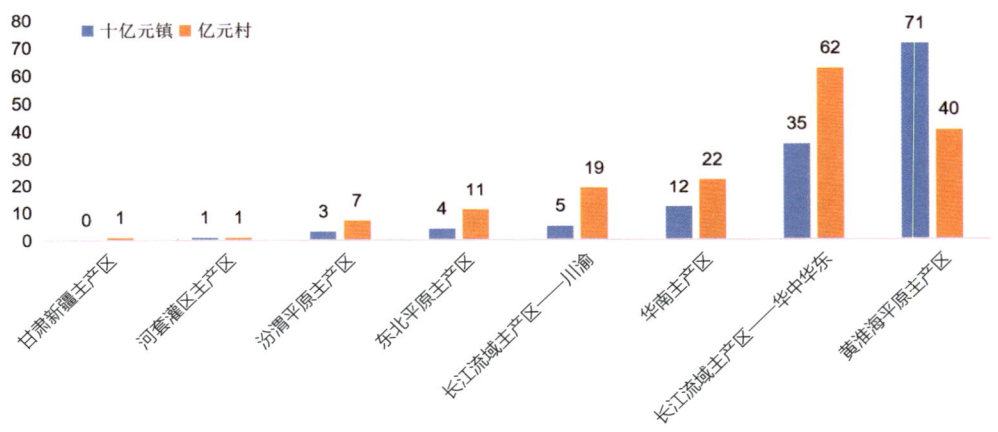

图 3-2　"十亿元镇亿元村"农业战略格局数值分布

三、"十亿元镇亿元村"典型村镇筛选方式

推介的"十亿元镇亿元村"特点鲜明，类型多样，各具特色。为宣传典型，推广经验，引领发展，选取特色突出、成效显著的村镇，综合考虑区域分布差异性、产业代表性和典型示范性（图3-3），并在征求各省农业农村厅意见的基础上，选取了50个村镇（表3-5），总结发展模式，全面展示我国乡村特色产业的发展，并对类似地区起到借鉴作用。

第三章 乡村特色产业"十亿元镇亿元村"发展

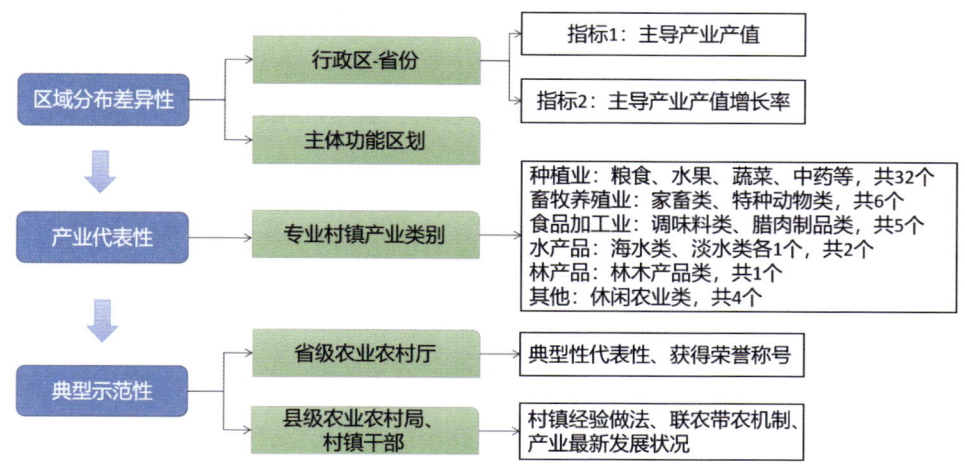

图 3-3 典型示范村镇筛选过程

表3-5 全国乡村特色产业"十亿元镇亿元村"典型案例信息表

序号	省份（自治区、直辖市）	村镇名称	主导产业	类别
十亿元镇				
1	内蒙古自治区	阿尔巴斯苏木	阿尔巴斯绒山羊	畜牧养殖业
2	辽宁省	二棚甸子镇	野山参	种植业
3	吉林省	鹿乡镇	梅花鹿	畜牧养殖业
4	江苏省	八路镇	花卉	种植业
5	江苏省	新安镇	食用菌	种植业
6	安徽省	太平畈乡	石斛	种植业
7	山东省	大田集镇	蒜	种植业
8	山东省	杨安镇	调味品	加工业
9	山东省	界河镇	马铃薯	种植业
10	河南省	董家河镇	茶	种植业
11	河南省	北岭镇	西瓜	种植业
12	湖北省	龙王镇	水稻	种植业
13	湖北省	潘家湾镇	蔬菜	种植业
14	湖南省	花石镇	湘莲	种植业
15	广东省	钱排镇	三华李	种植业

续表

序号	省份（自治区、直辖市）	村镇名称	主导产业	类别
十亿元镇				
16	广东省	良垌镇	荔枝	种植业
17	广东省	黄圃镇	腊味	加工业
18	广西壮族自治区	白沙镇	金桔	种植业
19	云南省	斗南社区	花卉	种植业
20	云南省	新安所镇	石榴	种植业
21	新疆生产建设兵团	22团	色素辣椒	种植业
亿元村				
22	北京市	南河村	蔬菜	种植业
23	山西省	保贤村	肉牛	畜牧养殖业
24	山西省	桃林沟村	休闲旅游	休闲农业
25	辽宁省	李家店村	草莓	种植业
26	上海市	新安村	鲜食玉米	种植业
27	江苏省	合心村	黑莓	种植业
28	江苏省	长乐社区	草莓雪桃	种植业
29	江苏省	苗庄村	大闸蟹	水产养殖业
30	浙江省	紫荆村	苦竹竹笛	加工业
31	福建省	围头村	鲍鱼	水产养殖业
32	山东省	南赵庄村	粉皮粉条	加工业
33	山东省	湾头村	草柳编	加工业
34	山东省	张培元村	大葱	种植业
35	河南省	霍庄村	社火道具	加工业
36	河南省	马宣寨村	稻猪	种养结合
37	河南省	尚庄村	蜂蜜	畜牧养殖业
38	湖北省	宝塔村	湖蒿	种植业
39	湖南省	李花村	禽蛋	养殖+加工业
40	广西壮族自治区	石井村	茉莉花、花茶	种植业
41	广西壮族自治区	汉塘村	果苗	种植业

续表

序号	省份（自治区、直辖市）	村镇名称	主导产业	类别
亿元村				
42	重庆市	黄瓜山村	梨+多种+休闲	多种
43	重庆市	大坝村	脐橙	种植业
44	四川省	果园村	葡萄	种植业
45	四川省	农科村	休闲旅游	休闲农业
46	四川省	杏花社区	杏	种植业
47	四川省	龙华村	枇杷	种植业
48	贵州省	田坝村	茶	种植业
49	贵州省	牛大场村	太子参	种植业
50	陕西省	袁家村	休闲旅游	休闲农业

区域分布差异性：首先依据各省"一村一品"监测数据，以省份为单元进行选择。根据"一村一品"监测村镇的主导产业产值，计算得到主导产业产值增长率进行排序。其次根据农业战略格局选择，各农业主产区至少选择一个。同时考虑到一些村镇虽没有在农业战略格局规划的主体功能区中，但主导产业发展得较好，对乡村发展起到重要作用，也纳入筛选范畴。

产业代表性：专业村镇类型分为六大产业类别，包括种植业、畜牧养殖业、食品加工业、水产品、林产品和其他类别。种植业包含门类众多、所占比重大，因此筛选时占较大比例。

典型示范性：在入选全国乡村特色产业"十亿元镇亿元村"的名单中，经各省推荐，选出了典型村镇。主要从这些村镇特色产业发展的经验做法、联农带农机制、产业最新发展动态、获得荣誉等方面寻找其典型示范性。

四、"十亿元镇亿元村"产业发展特征

做好新时代三农工作，要以乡村振兴战略作为总抓手，而产业兴旺是解决农村一切问题的前提，产业兴旺乡村才能振兴，农民才能富裕。通过总结典型村镇基本情

况，从村镇产业发展看，大致可以分为两种类型：一种是资源禀赋型，村镇具有较好的资源禀赋，具有较好的发展特色产业先天条件；一种是白手起家型，克服资源匮乏的先天不足，创新机制、开发人力、科技资源等条件，创造性地发展特色产业。

1. 产业特色鲜明，融合发展高效

产业结构优化体现在产业结构的合理化和高级化。依据当地产业基础条件和资源优势，以突出优势产业为中心，以优化产业结构为抓手，推动传统产业提质增效，借势大力培育关联紧密的特色农业、农产品加工、乡村旅游等新模式，促进农村一二三产业融合发展，拓宽农民的增收渠道。例如，重庆大坝村依靠脐橙发展橙旅融合农业园区；吉林鹿乡村以梅花鹿发展保健医药和鹿产品交易集散地；浙江紫荆村以竹笛打造非遗旅游，传播竹笛文化；广西白沙镇以金橘促旅游，"山区变景区，果园变公园"等，都是通过突出优势产业，发展关联紧密的相关产业，优化产业结构，打造全产业链，相辅相成，实现了乡村资源的充分利用和产业高质量发展。

2. 科技推动显著，人才培养得力

传统的农业生产方式已不能满足现代农业发展需求和对农民的劳动吸引力，一些村镇积极与科研院所和农业技术部门合作，用讲座、座谈、参观等多种形式，吸引群众积极参与，培育了新型农民，培养出本土农业专家和农业经理人。一方面留住劳动力、吸引人才，另一方面示范推广新技术、新品种。例如，新疆生产建设兵团22团、山东南赵庄村、江苏八路镇、湖北潘家湾镇等积极开展产学研活动，辐射带动效果显著。

3. 多种主体机制，利益联结紧密

小农户是农业产业最基本单位，家庭经营在生产端发挥基础作用，大户和家庭农场在生产端发挥引领示范作用，合作社在产购销过程中发挥组织和服务作用，龙头企业在生产、农产品加工和销售等环节发挥主力和带动作用。示范村镇的产业各主体之间利益联结紧密，利益共享，风险共担，使市场环境良好，竞争有序。

4. 注重品牌建设，集聚效应明显

产业集聚带来的集群效应可促进产业内分工与产业间协作，推进资源综合循环利用和劳动生产率的提高，从而给整个产业和区域带来综合竞争优势，包括规模经济优势、成本优势、区域品牌优势、技术创新优势等。通过十年来大力推进"一乡一业""一村一品"，已逐步形成了一批集群效应明显的农业产业，如山东杨安镇调味品产业、浙江紫荆村竹笛产业、内蒙古阿尔巴斯苏木绒山羊产业、广西白沙镇金橘产业等。

五、"十亿元镇亿元村"经验做法

产业兴旺是乡村振兴的经济基础,也是缩减相对贫困的重要手段。针对推进产业发展面临的主要问题,这些村镇围绕优势主导产业发展,主要从推动农业产业结构调整、推进全产业链建设、推动产业转型升级、完善联农带农机制和促进绿色可持续发展等方面入手,逐步培育出产业发展基础和竞争力,实现产业兴旺。

1. 推进产业结构优化

在找准主导产业的同时,使产业结构向粮经饲统筹、种养加一体、农牧渔结合方向转化。比如湖北龙王镇在传统水稻产业的基础上发展虾稻共生,阿尔巴斯苏木在养殖阿尔巴斯绒山羊的同时发展牧草产业,河南尚庄村在发展蜂产业的同时生产加工蜂机具等均取得了双产双丰收,互促互利,相辅相成。

2. 加强全产业链建设

在乡村原有的种养生产基础上,大力发展农产品加工、仓储物流、市场销售及服务业。同时发展休闲农业、观光农业,拓展产业多功能,挖掘农村文化资源,发展传承农耕牧渔文化,开展科普教育及体验活动。整体延伸产业链,打造供应链,提升价值链。

3. 推动产业转型升级

以龙头企业牵头,提升技术和装备水平,形成产业集聚,打造产业集群,形成加工引导生产、加工促进消费的良性发展态势,推进产业向设施化、园区化、融合化、绿色化、数字化发展。

4. 完善联农带农机制

通过合理打造农业经营体系,从农民技术培训、适度经营和促进新型经营主体带动小农户入手,形成有效利益联结,保证农民利益。可采用丰富多样的合作形式,推广"龙头企业+合作社+农户"等模式。不断完善利益共享机制,通过订单合同、按股分红、利润返还等方式让小农户分享增值收益。培育发展一批带农作用突出、综合竞争力强、稳定可持续发展的农业产业化联合体,为完善产业组织体系注入新动能。

5. 促进可持续发展

坚持创新发展,树立绿色发展理念,从产品质量、产业结构、生产方式等方面,按照技术创新、组织创新、市场创新的理念，大力推进优质农产品绿色生产、生态保护、质量安全等进步，破解高产高效和优质之间存在的矛盾，促进产业可持续发展。

六、"十亿元镇亿元村"案例亮点启示

1. 文化加持，提档增效

单一的产品、单纯的风景已很难满足现代人不断提高的品位和精神需求，这时因地制宜地挖掘当地文化遗产，给产品或农旅加上独特历史渊源、文化标签和趣味故事，将会带来令人惊喜的效果，不仅增加产品附加值，且有助于产业长远可持续发展。例如，浙江省紫荆村将竹笛成功申报为国家地理标志产品之后，着力打造"浙江省民族艺术之乡"，是《联合国森林文书》履约示范单位，并申报浙江省非遗旅游景区；同时连年举办全国竹笛夏令营活动、竹笛文化艺术节，以及竹笛拜师礼仪活动和竹笛传承礼仪活动，邀请全国各地乃至世界的竹笛大师、演奏家、制笛大师等竹笛界权威专家和音乐爱好者参与，树立业界优秀产品形象和权威地位。这为紫荆村竹笛产业的长远可持续发展奠定了坚实基础。

又如陕西省袁家村深入挖掘关中民俗，专注于关中农家特色饮食和民俗体验，发展乡村旅游，将一个"空心村"①打造成在全国"多点开花"的特色文化旅游村。

再如重庆永川黄瓜山村围绕梨产业，破解"一花看十年"的瓶颈，通过组织创作永川第一首村歌——《黄瓜山村之歌》、编纂永川第一部村志——《黄瓜山村志》、组建永川首个村级农民艺术团——"黄瓜山村圆梦艺术团"、编唱《黄瓜山村村规民约》三字经、评选乡贤、挖掘传承"川东花生"等非物质文化遗产等，为梨产业植入文化元素、乡愁元素、乡贤元素、非遗因素等，打造多情多趣、多姿多彩的魅力梨乡。

2. 村委牵头，协调自治

产业发展了，村子脱贫了，如何能保证农民利益最大化，全村共同进步，以及产业未来可持续健康发展，是每一个脱贫地区需要思考的问题。

例如，在陕西省袁家村打造"关中民俗第一村"过程中，村集体发挥了重要作用。整个景区的运营管理由村委会牵头，下设管理公司，公司下设协会，层层负责。

---

① 此处主要指农村青壮年都涌入城市打工，只有老弱幼人口留守的村庄。

村干部为全村的景区义务服务，同时自己也可以经营农家乐，使村民与干部结成利益共同体；小吃街、农家乐、酒吧等各协会，由会员自行推选协会管理者，管理者为会员义务服务，进行行业自律和内部协调管理；村民自愿认领商铺种类，优胜劣汰，避免经营同质化；不同运营项目的利润率不同，村委会牵头评估并奖补，促进产业的全面、均衡、创新发展，并保证村民共同富裕。

再如山东德州张培元村在发展大葱产业工作中，村"两委①"发挥先锋作用，由党员干部带头垦好田、种好葱，并由村"两委"出面积极与省市县沟通交流，争取省、市驻村工作组支持，进行了1800余亩②地力提升和方田打造，建设标准化生产基地，对全村大葱产业的提质增效起到关键作用。

3. 适度规模，控险提效

产业要发展壮大，就需要规模化，但并不是越大越好，必须结合本地情况，因地制宜，因产业而异。例如，四川省果园村的经验显示，坚持"大园区小业主"生产模式有利于规避风险，提高效益。在引进葡萄产业经营主体方面，村党委始终坚持一般业主30~50亩、企业不超过200亩的原则进行土地流转，有效规避了种植风险，提高了种植效益，并设立土地流转服务代办点，为想种葡萄、要种葡萄的人提供土地租赁流转服务，解决了土地难协调的问题。

4. 小众产业，亦农亦工

大多数地方发展农业产业，其产业链都是围绕某一种农产品打造的，即种植/养殖—加工—产品市场销售一体化。而像河南省尚庄村的蜂产业，是相对较为小众的产业，村民在蜜蜂养殖与蜂产品加工外，大力发展蜂机具加工。其产品有蜂箱、摇蜜机、榨蜡机、熏烟机、巢础、蜂衣帽、瓶具、脱粉器等，以家庭作坊式生产加工为主，借助互联网电商行销全国。仅此机具一项年产值就超亿元。既能增加农民收入，又能有效助力本地产业发展。

5. 保源护原，唯民为上

种质资源对农业的意义至关重要。要保护农产品的原产地、发源地，首先要保证当地农民利益，促进产业发展。例如，内蒙古阿尔巴斯白绒山羊是亚洲古老山羊的一支，有着数千年历史，是世界一流的绒肉兼用型珍稀品种，被列为《国家级畜禽遗传

---

① 村中国共产党支部委员会和村民自治委员会。
② 1亩≈666.67平方米。

资源保护名录》一级保护品种。阿尔巴斯苏木在传统基础上，树立品牌，壮大产业，获得了"农产品地理标志登记证书"等。同时建设了各类草场，开发农牧、草原文化旅游，全面推动了阿尔巴斯绒山羊产业发展。

又如河南省董家河镇是著名茶叶品种"信阳毛尖"的原产地和核心产区。董家河镇以优惠措施为引导、以旗舰企业为带动力量、以产品品质为保障，大力推动茶产业发展，将历史上的"茶乡明珠"发展为如今的"毛尖小镇""绿茶之都"。

再如河南省夏邑县北岭镇是夏邑"中国西瓜之乡"的发源地和主要种植区。北岭镇在"优""精""特"上下功夫，实施"一带二路三园区四基地五目标"工程，采用上茬西瓜、下茬果蔬的一年二茬轮作模式，增加了农民收入，保证了西瓜产业的持续发展。

纵观这些特色产业"十亿元镇亿元村"典型案例，从产业类型到自然条件，从发展模式到运营方法，千差万别形式多样，但均达到产业发展、农民富裕的目的，可借鉴的经验做法各有千秋，给我们的启示不一而足。希望这些经验和启示能为全国乡村特色产业的进一步发展作出贡献，助力特色产业百花齐放，更加繁荣兴盛，使乡村特色产业成为全面乡村振兴的有效抓手和有力支撑。

第四章 乡村特色产业"十亿元镇亿元村"典型案例

一、乡村特色产业"十亿元镇"典型案例

（一）草原软黄金
——内蒙古鄂托克旗阿尔巴斯苏木阿尔巴斯绒山羊产业

内蒙古阿尔巴斯苏木以发展现代生态农牧业为基础，加强生态建设和保护，强化农牧业供给侧结构性改革和基础设施建设，不断发展壮大阿尔巴斯绒山羊产业。

1. 基本情况

阿尔巴斯苏木位于内蒙古鄂托克旗西北部，东邻乌兰镇、南接鄂托克前旗，北靠棋盘井镇，西与内蒙古乌海市和宁夏回族自治区石嘴山市接壤。南北长约138公里、东西宽约75公里，总面积6400平方公里。阿尔巴斯苏木辖14个嘎查，63个牧业小组，全苏木现有牧户3427户，农牧业人口9712人，其中，常住人口2327户、7404人，蒙古族占总人口的69%。

阿尔巴斯苏木现有天然草原930万亩、灌溉饲草料地30.3万亩，牲畜41.26万头（只），其中阿尔巴斯绒山羊38.97万只，是一个以蒙古族为主体，以阿尔巴斯绒山羊养殖为主导产业的少数民族聚集地区。

近年来，随着国家和地方对农牧区基础设施建设力度的加大，阿尔巴斯苏木电力和交通等基础设施发展较快，各嘎查和农牧户已全部通路通电。

2. 产业发展

近年来，阿尔巴斯苏木党委政府在旗委政府的坚强领导下，以发展现代生态农牧业为基础，加强生态建设和保护，强化农牧业供给侧结构性改革和基础设施建设，积

极转变发展方式，使农牧业、农牧区经济保持较快发展。通过不断优化产业结构，推进产业规模化、标准化和专业化发展，大幅提高了农牧业综合生产能力，使阿尔巴斯苏木以阿尔巴斯绒山羊为主导的特色产业不断壮大；积极完善农畜产品质量安全监管体系、农牧业社会化服务体系和科技创新推广体系建设；大力发展休闲牧场，结合民俗文化旅游资源，开展"观光、体验、定制、农牧家乐"等旅游农牧业，不断拓展农牧民增收渠道，形成了以阿尔巴斯绒山羊养殖业为主导，草产业、文化旅游业共同发展的产业融合格局。

目前，阿尔巴斯苏木农牧业总产值6.47亿元，加工业总产值13.62亿元，主导产业阿尔巴斯绒山羊全产业链的收入为5.65亿元，全苏木年财政支农总投入4500万元，农牧区常住居民人均可支配收入达到21059元，高出全旗农牧区常住居民人均可支配收入（18313元）15%。

（1）历史悠久，发展壮大

阿尔巴斯苏木是历史悠久的以牧为主的苏木，阿尔巴斯绒山羊养殖业是阿尔巴斯苏木的主导产业，全苏木阿尔巴斯绒山羊养殖量38.97万只，年产阿尔巴斯绒山羊绒280吨，年出栏阿尔巴斯绒山羊25万只。阿尔巴斯绒山羊养殖区如图4-1所示。全苏木

图4-1 阿尔巴斯绒山羊养殖区

现有天然草原915.2万亩，草原类型主要有缓坡梁地草场、起伏梁地沙地草场、砂砾质梁地旱生小灌木草场、低温地草甸类草场、河湖附近及丘间洼地盐渍化草本草场。草原主要牧草及优势品种有狭叶锦鸡儿、油蒿、针茅、藏锦鸡儿、蒙古沙冬青、红砂、黄蒿、中间锦鸡儿、芨芨、苦豆子、马莲、蒙古葱、糙隐子等近百种。近年来，随着退牧还草、季节性禁牧休牧等措施的实施，天然草原植被得到了有效恢复，植被覆盖度不断增加，草原产草量得到了有效增长。依托广阔的天然草原，为发展以生态绿色阿尔巴斯绒山羊产业为主导的现代畜牧业提供了有利条件。

依托世界一流的绒-肉兼用型珍稀品种阿尔巴斯绒山羊和被誉为"纤维宝石""软黄金"的阿尔巴斯绒山羊绒以及被誉为"肉中之人参"的阿尔巴斯绒山羊肉，当地大力发展绒-肉加工业，不断延长产业链，提升产业价值链。目前全苏木已达到年加工无毛绒126吨、屠宰加工阿尔巴斯绒山羊20万只的能力。

阿尔巴斯苏木优质牧草种植历史悠久，著名的苜蓿品种"草原2号"杂花苜蓿就在此育成。全苏木现有耕地及灌溉饲草料基地30.3万亩，种植以苜蓿为主的优质牧草12万亩，年产苜蓿干草78000吨，年加工以苜蓿草为主的优质牧草10万吨，为发展生态绿色阿尔巴斯绒山羊主导产业奠定了坚实的基础。

（2）古老品种，优势品牌

阿尔巴斯苏木蒙古族文化底蕴深厚，旅游资源丰富。这里自古以来先后有匈奴、突厥、党项、蒙古等北方游牧民族繁衍生息，形成了独具特色的游牧文化、草原文化。阿尔巴斯绒山羊是亚洲古老山羊的一支，有着数千年历史，是世界一流的绒肉兼用型珍稀品种，2001年被列入《国家级畜禽遗传资源保护名录》一级保护品种；2009年，阿尔巴斯绒山羊获农业部颁发的"农产品地理标志登记证书"，2014年阿尔巴斯绒山羊肉获农产品地理标志登记。

为了树立阿尔巴斯品牌，加强品牌管理，政府与"阿尔巴斯"商标持有者协商，为龙头企业、专业合作社、协会、生态家庭牧场等经营主体授权使用"阿尔巴斯"商标和农产品地理标志，引导经营主体重视品牌建设，鼓励龙头企业整合资源，促进合作社规范化建设，推进生态家庭牧场集群集聚，形成协同打造阿尔巴斯品牌的利益共同体。推动协会开展行业自律，强化协作，推进联合联盟发展，引领带动经营主体共同打造、推介、经营阿尔巴斯品牌；对损坏品牌的企业、合作社、协会、生态家庭牧场、个人等除收回商标、地理标识使用权外，依法依规给予处罚。为了加强品牌宣传力度，苏木政府与中央电视台新闻频道合作在2018春节期间的《晚间新闻》播出了《新时代电商牧民收获家的味道》节目。

（3）独特风貌，融合发展

依托世界驰名的阿尔巴斯绒山羊、广袤的草原风光、历史悠久的蒙古族文化、独特的民族风情、世界珍稀植物半日花与四合木、恐龙足迹、涓涓流淌的都斯图河、丰富的地热温泉资源和赛乌素现代农牧业示范区，全苏木已建成3A级和4A级旅游景点各1个、农牧家乐52户，开发旅游线路3条，年接待游客达20万人次，年旅游收入6.5亿元。2018年全苏木阿尔巴斯绒山羊产业总产值达到13.1亿元，阿尔巴斯绒山羊养殖业、加工业、旅游业融合发展态势正在形成。

（4）注重保护，绿色发展

深入实施生态保护战略，结合阿尔巴斯苏木地区的实际情况，坚持推行依法禁牧休牧，遏制生态恶化和草原的沙化退化。坚持保护与建设并重的原则，完成550余万亩草原建设，完成林业建设191万亩，使植被覆盖率达到了75%，对养殖业废弃物进行资源化利用，有力地促进了阿尔巴斯绒山羊产业的绿色发展。

3. 联农带农

近年来，阿尔巴斯苏木党委、政府加强了农牧区新型经营主体培育工作，积极推进家庭牧场、农牧户与龙头企业合作，增强供给侧社会化服务，不断提高阿尔巴斯绒山羊产业的抗风险能力，引导阿尔巴斯绒山羊养殖业适度规模经营，带动农牧民就业增收。积极营造良好营商环境，引进国家级农牧业产业化龙头企业内蒙古鄂尔多斯资源股份有限公司等国内外知名的农畜产品加工企业，给予政策、土地、税收优惠政策，按照"扶优、扶强、扶特、扶大"的原则，通过品牌嫁接、资本运作、产业延伸等方式，重点培育农牧业龙头企业和农牧民专业合作社、家庭牧场，在品牌化运作、特色化推动、规模化经营方面初见成效。全苏木现有旗级以上农牧业产业化龙头企业6家，其中自治区级1家、市级1家、旗级4家，实现区、市、旗三级梯次发展；培育了阿尔巴斯绒山羊生态家庭牧场80家，农牧民专业合作社45家，从事阿尔巴斯绒山羊养殖的农户2327户，加入合作社的农牧户1112户，农牧业新型经营主体呈现蓬勃发展、活力迸发的势头。

阿尔巴斯苏木坚持主体培育、利益共享的原则，充分激发龙头企业、合作组织和家庭牧场等新型农业经营主体的活力，将与农牧民利益共享作为产业发展核心要求，创新企业与农户利益联结机制，探索推广收益分成、利润保底等新型合作方式，初步形成了"龙头企业+合作组织/家庭牧场+基地+牧户"生产、加工、销售一体化运作的产业融合发展模式，着力促进农牧民增收，目前各类新型经营主体带动全苏木常住农牧户1250户，农牧户从阿尔巴斯绒山羊主导产业经营中得到的纯收入达到13688元，占总收入的65%，高出全旗农牧区人均收入15%。

4. 亮点经验

阿尔巴斯苏木党委、政府为全面实施乡村振兴战略，进一步提升产业层次、优化产业结构、促进产业融合发展，在深入分析产业发展现状的基础上于2018年12月制定印发了《乡村振兴产业发展实施方案》（以下简称《方案》），《方案》确定了阿尔巴斯苏木产业发展的目标、思路、原则、产业布局等相关内容。根据《方案》确定的"在重点培育壮大阿尔巴斯绒山羊产业的同时，积极推进生态优质草产业和草原特色旅游业发展，形成以阿尔巴斯绒山羊产业为主导，生态优质草产业、草原特色旅游业融合发展的产业格局"的发展思路，对产业发展进行重新规划和布局。

（1）基地示范，带动全面振兴

以提高阿尔巴斯绒山羊生产性能、保护草原生态环境、提高农牧民收入为目标，按照内蒙古自治区人民政府《关于振兴羊绒产业的意见》中提出的建设阿尔巴斯绒山羊高科技标准化示范区的要求，通过加大基础设施建设和科技投入，以提高阿尔巴斯绒山羊产品质量和出栏率，恢复阿尔巴斯绒山羊优良品质、降低阿尔巴斯绒山羊数量，打造阿尔巴斯绒山羊全产业链，实现人口、山羊、环境、增收的统一和一二三产业融合发展，将阿尔巴斯苏木建设成为内蒙古自治区最大的阿尔巴斯绒山羊产业基地，守好、壮大、叫响阿尔巴斯绒山羊品牌。

加大与内蒙古鄂尔多斯资源股份有限公司战略合作力度，以政府、企业、牧户共建形式，在阿尔巴斯苏木建立阿尔巴斯绒山羊养殖示范基地，带动当地绒山羊养殖业科学发展，促进超细羊绒牧场的推广。内蒙古鄂尔多斯资源股份有限公司将出台养殖户羊绒收购优惠政策，支持"阿尔巴斯绒山羊"品牌及羊绒相关产业的发展，保护地区优质羊绒资源。

（2）扶持加工，加强联农带农

阿尔巴斯苏木在加强与内蒙古鄂尔多斯资源股份有限公司、伊吉汗羊绒制品有限公司合作，保障优质优价收购阿尔巴斯绒山羊绒的同时，培育壮大阿尔巴斯绒山羊屠宰加工业（图4-2）。阿尔巴斯苏木以天泰万欣生物股份公司、好利宝种养殖专业合作社两个阿尔巴斯绒山羊屠宰加工龙头企业为基础，将阿尔巴斯绒山羊生态智慧家庭牧场和生态养殖户作为企业、合作社的原料生产基地，在保障企业、合作社原料来源的同时，向生态智慧家庭牧场和生态养殖户返还利润，促进加工企业、合作社与生态智慧家庭牧场及养殖牧户形成利益共同体，提高阿尔巴斯绒山羊的附加值，降低各环节生产成本，让养殖户更多地分享加工、流通领域带来的利润。

（3）调整改造，建设牧草基地

阿尔巴斯苏木以全苏木现有的30万亩灌溉饲草料地为基础，全面实施以渗灌为主的节水改造，调整产业结构，以鄂尔多斯市盛世金农农牧业开发有限责任公司、鄂托克旗绿洲草业有限责任公司、中国农科院赛乌素牧草种子繁育基地为龙头，采取与牧户联营种植、股份合作种植等方式，以龙头企业的技术、资金优势，扩大农牧户优质牧草种植面积，按照"公司+基地+农牧户"的产业化模式，建立起农牧户规模种植、龙头企业收购、加工、流通的现代草产业体系。到2022年，全苏木优质牧草种植面积预计扩大到15万亩，年产优质牧草10.5万吨，优质牧草年加工能力达到15万吨。

（4）完善设施，打造特色旅游

阿尔巴斯苏木依托深厚的民族文化底蕴、广袤的自然草原风光、神秘的恐龙遗迹化石群、世界珍稀植物半日花与四合木、涓涓流淌的都斯图河、丰富的地热温泉资源等特色旅游资源，在初步形成乌仁都西峰—阿尔寨石窟—新召庙—天然草原风光旅游区—包乐浩晓温泉—布龙湖—恐龙遗迹化石—赛乌素生态观光精品旅游线路和境内布龙湖温泉旅游度假区、新召庙和草原风光旅游区、乌兰乌素牧家乐旅游区、赛乌素锦世温泉度假村等旅游景点的基础上，重点打造体验、康养、研学、休闲旅游目的地（图4-3）。

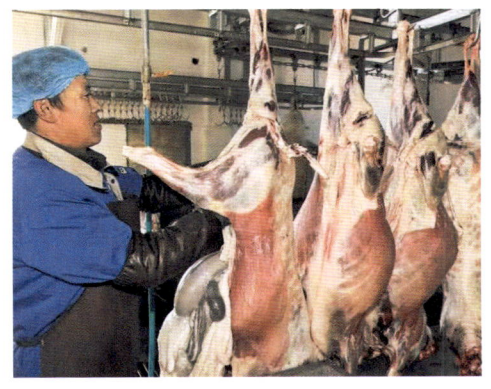

图 4-2　阿尔巴斯绒山羊屠宰加工

图 4-3　阿尔巴斯苏木草原特色旅游

（二）"参"谋远"绿"
——辽宁省本溪市桓仁满族自治县二棚甸子镇山参产业

辽宁省二棚甸子镇紧紧围绕"工业强镇、产业兴镇、旅游立镇、生态美镇"的总体战略，以建设生态特色农业、打造美丽乡村为主线，形成富民强镇的山参产业。

1. 基本情况

二棚甸子镇位于辽宁省本溪市桓仁满族自治县东部，坐落于五女山下、桓龙湖畔。镇政府距桓仁满族自治县27公里，距鹤大高速桓仁南出入口32公里，距桓仁五女山风景区38公里。省级干线公路木通线横贯镇区与沙尖子镇和桓仁镇相连，县级公路与吉林省集安市接壤。全镇总面积334.6平方公里，建成区面积1.635平方公里，其中，山林面积40.8万亩、耕地面积1.4万亩、水田面积3088亩、水域面积2.76万亩，森林覆盖率高达81.29%。

2. 产业发展

二棚甸子镇紧紧围绕"工业强镇、产业兴镇、旅游立镇、生态美镇"的总体战略，以建设生态特色农业、打造美丽乡村为主线，经济和社会平稳协调发展，形成了特色鲜明、优势突出的富民强镇产业。

二棚甸子镇现有野山参种植面积10.7万亩。野山参产业总产值12.9亿元，其中，第一产业（农业）产值4.15亿元（占全县的8%），人参中药材加工业产值8.75亿元。全镇形成了以山参为主的特色产业链，通过大力提升山参种植的标准化水平，整合山参合作社及山参加工企业在种植、加工等方面的技术优势，做大做强"山参小镇"。全镇参农每年野山参产业收入8500万元以上，年均销售野山参6600公斤（图4-4）。据统计，二棚甸子镇的野山参占桓仁山参市场份额的60%以上，占全国山参市场份额达到22%。全镇现有山参种植标准园8个；山参专业合作社25家，成员达1531户；山参加工和销售企业达到了20家。全镇现有山参省级龙头企业5家，市级龙头企业4家。

图 4-4　农户在野山参基地采参

目前，全镇山参加工已初步形成产业集聚格局，开发了速溶山参粉、人参糖果、人参酒、山参鲜品、参茸制品、人参冰酒等一系列特色产品，已呈现出良好的市场效应，人参精深加工业已成为人参特色产业链中的重要环节，发挥了良好的带动作用。

发挥山参特色资源优势，大力拓展第三产业，二棚甸子镇启动"参康源摇钱树"和"山参之乡"健康旅游度假区建设项目，建设了山参旅游山庄、元庄沟山庄、恒源堂山庄等度假区。以山参、养生、旅游为特色，全力打造以回归自然、健康养生、乡村度假等为主的休闲康养度假生态旅游产业。

3. 联农带农

二棚甸子镇山参产业从业人员数量10768人，有效吸纳了人口就业，全镇参与山参种植的农户有2100多户，农户参与率达到62.7%，从事山参生产及相关产业的劳动者占劳动力总数的61%。二棚甸子镇农村居民人均可支配收入17049元，桓仁县农村居民人均可支配收入为15479元，二棚甸子镇农村居民人均可支配收入高出全县农村居民人均可支配收入10%。

4. 亮点经验

（1）完善政策保障、优化服务环境

完善政策保障。二棚甸子镇政府紧紧抓住"一村一品"示范镇建设的政策机遇，

加强与国家、省、市、县上级各部门的沟通协调，争取更多的政策支持、项目支持、技术支持和资金支持。对入驻二棚甸子镇的中小型企业等特色产业发展主体，不遗余力地给予财政资金、用地指标、管理体制、资源配置等方面的政策支持和保障。落实人才引进、人才培养、人才服务等相关政策，推进人才"落地生根"，发挥人才在特色产业中的支撑作用。

优化服务环境。以简化审批程序、提高审批效率、优化投资环境、促进融合发展为目标，统筹规划空间要素，优化发展要素资源配置，实行"绿色通道"办事制度，建立环节少、效率高、运转协调、行为规范的办事机制，减少投资主体和企业在办理各项手续方面的精力投入，努力营造良好的兴商、营商、安商环境。二棚甸子镇新建野山参交易大厅如图4-5所示。

图4-5　二棚甸子镇野山参交易大会及交易大厅

（2）拓宽融资渠道，加大招商力度

拓宽融资渠道。二棚甸子镇政府对"一村一品"示范镇建设的投融资进行总体把控，以项目建设为核心，多渠道、多形式筹集建设资金，针对不同项目性质设计差别融资模式与偿债机制，实现小城镇建设投入与产出的良性循环，通过吸引多元化投资主体，充分发挥各自优势，破解"一村一品"示范镇建设投融资瓶颈问题。

加大招商力度。立足本地资源优势，明确"一村一品"示范镇建设工作目标，延伸农产品加工业产业链，建设品牌园区（图4-6）。实施以商招商、老乡招商、区域招商、代理招商、展会招商、产品溯源招商等，积极拓展招商方式和途径，通过融入区域性知名企业寻找项目合作机会，广泛开展项目对接洽谈，深化招商引资与主导产业项目集聚，促进"一村一品"特色优势产业做大做强。

图 4-6　二棚甸子镇山参品牌园区

（3）加强科技支撑，提升带动作用

加强科技支撑。谋划"一村一品"示范镇建设重点科研项目和重大科技工程，开展关键技术联合攻关。依托智慧建设，推进"互联网+现代科技服务"，实现信息技术与农村产业融合发展，使生产过程、生产管理、品牌建设等环节相融合，不断提高"一村一品"示范镇建设的科技含量。建设创新科技成果评价机制，对有贡献的技术人才给予奖励。

提升企业示范带动作用。以山参产业为主导的药材加工企业发展势头强劲，发挥了良好的示范带动作用。近年来，二棚甸子镇依托龙头企业，立项并实施了产品车间改造、基础设施改造、林下参种植、山参研究院及山参旅游开发等特色产业建设项目7个，涵盖山参种植、精深加工、市场营销、产业研究等多领域。目前，全镇山参加工已初步形成产业集聚格局，开发了速溶山参粉、人参糖果、人参酒、山参鲜品、人参冰酒等一系列特色产品（图4-7），已呈现出良好的市场效应，人参精深加工业已成为人参特色产业链中的重要环节，发挥了良好的带动作用。已成功引进阿里健康"滋补中国"合作项目，依托阿里健康在大健康领域的行业经验及大数据优势，实现了"互联网+"销售转型。

（4）补全产业链条，打造品牌文化

打造山参全产业链。建设山参种植基地，扩大山参种植规模，规范山参种植技术；引进和建设一批特色农产品加工企业，培育特色产业，形成运营收益；整合山参上下游产业链及相关产业链，拓展山参文化旅游产业；完善综合配套服务设施，提升整体发展实力。

大力实施品牌战略。二棚甸子镇人参现已获得地理标志产品认证和有机食品认

 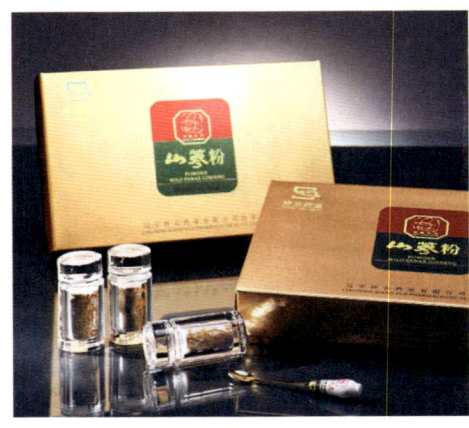

图 4-7 各类山参深加工产品

证,知名商标主要有同仁堂、天士力、熙峰、高丽朱蒙、参中堂、参康源、参兹力、参滋元等,已牢固树立起"桓仁人参"品牌形象。同时,注重传统文化的挖掘与保护,重点传承、弘扬人参文化、民族文化、民俗文化和祭山习俗民俗,彰显出品牌历史悠久、传统特色的文化魅力。

人参品牌文化:参为百草之王,二棚甸子镇人参文化有两千多年的历史,人参大王罗崇耀、老把头孙良、朱蒙巧识人参草等许多传说和典故流传至今,二棚甸子镇将历史和民间传说整理并出版了《仙草人参》人参文化专著。

传统民俗品牌文化:依托二棚甸子镇原始自然生态、野山参种植基地、高句丽和抗联遗址、满乡民族特色风情等资源,大力开发和发展品牌旅游产品。二棚甸子镇祭山习俗可追溯到永乐21年,当地民众将祭山作为精神信仰,祈祷山神赐予山参的丰收,祭山习俗已被列为省级非物质文化遗产,用以传承祭山习俗仁义、守信的内涵。大力弘扬传统桓仁祭山习俗这一省级非物质文化遗产,推崇山神老把头的诚实守信精神,彰显文化特色。

发挥山参特色资源优势,大力拓展第三产业。启动"参康源摇钱树""山参之乡"健康旅游度假区、正直山参旅游山庄、元庄沟山庄、恒源堂山庄等度假区建设。以山参、养生、旅游为特色,全力打造以回归自然、健康养生、乡村度假为主的休闲康养度假生态旅游产业,并逐渐将其发展成为二棚甸子镇旅游产业的重要内容。近年来,在山参特色旅游开发方面,投资金额达2.9亿元。

（三）"鹿鼎记"
——吉林省长春市鹿乡镇鹿产业

吉林省鹿乡镇以加速三产融合发展为抓手，以创建国家级鹿业现代农业产业园为目标，不断强化标准化养殖、系列化研发、品牌化打造、产业化发展"四化思维"，大力发展鹿业产业。

1. 基本情况

鹿乡镇位于吉林省长春市半小时经济圈内，隶属于"中国梅花鹿之乡"长春市双阳区，素有"中国梅花鹿第一乡"的美誉，是"全国重点镇""全国'一村一品'示范村镇""全国美丽宜居小镇""吉林省十强镇""吉林省特色小镇"，2018年荣获"中国乡村振兴先锋十大榜样"称号，2019年被评为第二批"吉林省特色农产品优势区"，2020年获评"全国乡村特色产业十亿元镇"。依托于得天独厚的优势产业、独具魅力的人居环境、灿烂繁荣的文化氛围、高效便捷的机制体制，小镇已逐步成为城乡一体的连接带、经济发展的"催化剂"和乡村振兴的"助推器"。2020年，全镇国内生产总值（GDP）达到57亿元，固定资产投资达到3亿元，全口径财政收入和本级财政收入分别达到3500万元和520万元。

2. 产业发展

鹿乡镇拥有2000多年的鹿文化和300多年的圈养梅花鹿史，并致力于梅花鹿产业的传承和发展。2020年全镇养殖梅花鹿达15万只，鹿业养殖小区达62个，中小型鹿场达1200个，梅花鹿规模养殖专业合作社达23家，养鹿户近万户，其中梅花鹿标准化养殖程度达60%以上（图4-8）。培育壮大各类鹿产品加工企业60余家，省级以上农业产业化龙头企业3家、市级以上13家，围绕梅花鹿共研制开发出10大类1000多个品种，实现了药品、保健品、饮品等多个方面的突破（图4-9）。鹿产品经销户1000余户，年客流量超百万人次，小镇已逐步成为国内标准的梅花鹿养殖基地、成熟的鹿产品研发

图 4-8 鹿乡镇梅花鹿养殖　　　　图 4-9 鹿乡镇梅花鹿产品加工

加工基地和繁荣的鹿产品交易集散基地。

3. 联农带农

截至目前，全镇养鹿户近万户，鹿产品经销户达千余户，年鲜茸产量突破450吨，鹿产品交易量达6500多吨，交易额实现37亿元，人均养鹿收入同比增长20%，鹿业收入占全镇牧业总收入的80%左右。2020年鹿乡镇获评"全国乡村特色产业十亿元镇"。

4. 亮点经验

鹿乡镇以实施乡村振兴战略为指导，以加速三产融合发展为抓手，以创建国家级鹿业现代农业产业园为目标，充分放大梅花鹿存栏数量多、产业链条长、市场份额高、融合能力强、利润空间广、发展前景好"六大优势"，不断强化标准化养殖、系列化研发、品牌化打造、产业化发展"四化思维"，紧紧抓住养、研、产、销"四个环节"，通过鹿业高质量发展，推动乡村全方位振兴。

（1）抓提质

围绕"双阳梅花鹿"品牌，以鹿业大数据平台项目为依托，建立梅花鹿养殖标准化体系和可追溯体系，加大双阳梅花鹿提纯复壮力度，进一步优化鹿只种群结构。通过实施梅花鹿贴息贷款政策，迅速壮大种群规模，筑牢发展"底盘"。结合国家梅花鹿养殖综合标准化示范区建设，加快扩充种源繁育基地，鼓励和支持养殖大户实行标准化养殖，全面改变传统、粗放的饲养方式，降低鹿养殖成本，提升双阳梅花鹿的品质。

（2）搞研发

以吉林省鹿产品质量监督检验中心为依托，以与吉林农业大学"校镇合作"为契机，成立梅花鹿产业研究院，借助吉林农业大学专家团队，致力"科技兴鹿"，打造国内外认可的高技术含量、高附加值产品。支持企业加强与吉林大学、吉林省农业科学院等高校、科研院所合作，进一步加大鹿产品精深开发力度，真正以科技力量拉动鹿产业持续健康发展。

（3）引投资

利用全域旅游，以及创建鹿业现代农业产业园和获批国家农村一二三产业融合发展项目的良好效应，围绕养、研、产、销全产业链，山、水、人、文等全资源，狠抓招商引资，强化项目建设。加大对世鹿鹿业、长生鹿业等一批鹿业精深加工企业的扶持力度，鼓励企业扩大投资规模，发挥引领带动作用，力争利用1～2年新培育2家省级农业产业化龙头企业。特别是在三产融合上下功夫，不断推进金恒梅花鹿产业园、鹿鸣湖等项目开工建设或投入运营，打造一批能养、能吃、能赏、能玩的鹿业综合体。

（4）重管理

以打造"诚信鹿乡"为契机，继续采取政府引导、企业主体、市场运作的机制，建立现代化管理体系，彻底解决目前鹿产品市场功能单一、信息不畅等问题，用"大市场"规范"小市场"。同时，针对梅花鹿产品经营市场存在的问题，进一步加大行政执法力度，整合畜牧、公安、市场监管等部门力量，切实加强梅花鹿生产经营市场的长效监管，持续开展鹿业市场的清理整顿工作，坚决整治不正当经营行为，努力建立公平有序、充满活力、更加开放的市场秩序。

（5）育文化

策划举办"中国双阳梅花鹿采茸节""鹿文化节""鹿乡大集""百家媒体鹿乡行"等品牌节庆活动，高标准举办"中国双阳梅花鹿节"，切实提升影响力；将鹿文化与地域文化、萨满文化、康养文化等充分融合，深挖内涵、厚植底蕴；通过"鹿城鹿音"微信公众号科普鹿知识，传播鹿业声音；高水准、高质量策划创作梅花鹿特色小镇宣传片，不断扩大"鹿神舞""花棒秧歌"等彰显鹿神鹿韵的文化产品影响力；提升和丰富中国双阳梅花鹿博物馆层次水平及展品数量（图4-10），为产业发展注入新活力、增添新动能。

图 4-10　中国双阳梅花鹿博物馆

（四）花开富贵

——江苏省邳州市八路镇花卉产业

江苏省八路镇着力打造花卉标识特色，用工业思维、绿色理念推进农业发展，构建现代农业综合发展模式。

1. 基本情况

江苏省邳州市八路镇位于邳州南部，全镇土地面积65平方公里，人口44516人，耕地面积4.8万亩，辖14个行政镇，劳动力丰富。交通便利，250省道、251省道依镇而过，344省道横穿镇区，G30高速邳州西高速出口距该镇不足5公里。AAA景区岠山坐落境内，全镇山水呼应，河湖纵横，田园错落有致，空气清新，是宜商宜居佳地。

八路镇着力打造"一朵花的美丽"标识特色，用工业思维、绿色理念推进农业发展，构建现代农业综合发展模式。坚持以市场需求为导向、以技术和商业模式创新为动力，高标准规划建设花卉产业园。积极和浙江大学、南京农业大学合作共建，着力于花卉新品种的研发、示范和推广，提高邳州花卉在全球市场的占有率及品牌知名度。目前八路镇花卉苗木种植突破1.6万亩，凤梨种苗、蝴蝶兰等高档花卉智能日光温室超过30万平方米，观赏草基地1000多亩。鲜切白菊、蝴蝶兰及凤梨种苗出口日本、韩国、欧美等国家和地区，年出口创汇突破4600万元。

2. 产业发展

八路镇栽培花卉历史悠久，2005年开始大面积发展。八路镇以花卉园区（图4-11）建设为载体、以特色产业为支柱、以科技为引领、以农旅休闲为核心，延长产业链条，精心做好"花"样文章，主要生产鲜切花、盆栽花及观赏类绿植。以八路镇为核心的花卉市场成为江苏省北部地区最大的花卉苗木交易集散地。同时，配套建设花卉体验馆、花卉超市、农民创业孵化就业培训基地，吸引周边居民来此旅游、

图 4-11　八路镇花卉园区

扩大销售、培养人才。此外,由于花卉种植收益大、日常管护成本低,将劳动力从土地中解放出来,使其通过从事其他职业获得更多收益。

目前八路镇拥有花卉种植合作社18家,占全镇专业合作组织总数的60%;加入合作社农户4251户,占从事主导产业农户数63%;花卉种植有限公司6家,全部实现了与合作社的有效对接,推行"公司+合作社+农户"模式,实现双赢。八路镇拥有徐州市级龙头企业1家、邳州市级龙头企业6家。

3. 联农带农

花卉产业已成为八路镇农村经济和农民脱贫致富的支柱产业。目前,全镇花卉产业收入达10亿元,占全镇农业经济总收入61%;从事花卉生产经营者4352户,占全镇农户总数41%;农民人均可支配收入22650元,高于邳州全市农民人均可支配收入20%以上。

政府搭台,群众唱戏。加大职业农民精准培训,着力培养有文化、懂技术、会经营的新型职业农民和电商队伍。拓宽线上销售渠道,加快"互联网+"与特色产业加速融合,建设2600平方米农副产品销售电商大楼以及4000平方米仓储室,驱动实体店和电商同步销售，注册"春森"商标，主导产品通过合作社销售占85%以上。

政策支持，科学规划。邳州市出台了一系列引导、扶持、奖励政策，实行有效激励措施，搞好土地流转，帮助解决发展所需资金问题；组织农民培训讲师团在全镇巡回讲解花卉种植技术，确保花卉产品的科技含量。配套设施全部建成后，拥有景观花卉苗木基地、花卉苗木市场、花卉物流中心、花卉淘宝电子交易市场、花卉体验中心及以花卉园艺展览馆为主体的花卉文化主题公园，将拉动科研、生产、销售、物流配送、电子商务、休闲旅游等相关20个富民产业，建成集循环农业、创意农业、农事体验三位一体的田园综合产业园。

4. 亮点经验

（1）产业集聚、龙头带动

招商引资山东青州以及本地客商入驻园区，已建成10万平方米盆栽花智能日光温室、5000平方米花卉超市；引进比利时企业建设拥有4万平方米智能温室和3500平方米组培室的"比利时德鲁仕植物种苗（邳州）繁育基地"；以及建设拥有18个15m×110m智能单体温室的富民产业园。

（2）平台构建、科技引领

配套建设4000平方米花卉体验中心、2500平方米花卉园艺展览馆、1000平方米电商服务中心和1000平方米园区服务中心。积极和浙江大学合作共建，引进新品种、新技术，建设30亩宿根花卉研发基地、300亩花园植物种植示范基地、200亩物流中心和200亩花卉苗木交易市场以及相关附属工程。

（3）承担项目，建设基地

八路镇是"全国巾帼现代农业科技示范基地"、江苏省北部地区最大的一家"鲜切花出口创汇基地""江苏省现代农业科技综合示范基地""比利时德鲁仕植物种苗（邳州）研发基地""徐州市优秀休闲观光农业园""浙江大学（邳州）宿根花卉研发基地""邳州市农产品电子商务产业园"，通过承担项目、建设花卉基地，壮大花卉培育、种植、销售力量和打造品牌。

（4）发展电商，拓宽"花"路

互联网电子商务平台的建立，使花卉产业得到高速发展。为适应经济新常态，八路镇整合区域内花卉资源，搭建花卉电子商务产业平台，形成了研发、物流、贸易等较为完善的产业链。八路镇是花卉产业的核心镇、花卉交易市场集中区和电子商务示范镇。目前八路镇扎实把握自身产业优势，依托花卉产业的资源优势，入驻八路镇花卉电子商务创业园的企业3家，电子商务销售额4200万元，网上各类农产品交易量达1260万件。现已发展电子商务从业人员2200余人，网店152家。探索建立了"政府+知名第三方电商服务+市场主体"的电子商务发展新模式，在电商平台建设、农村淘宝示范点建设、电商创业主体培育、优化电商创业服务、完善电商创业推进机制上均有新突破。以"花卉"为媒，搭上"电商"之风，推介、展示了八路镇优美的环境、丰富的特产、深厚的人文底蕴，从而带动工业、农业、城建、现代服务业和社会事业的全面发展，造福镇民。图4-12所示为八路镇的花卉超市。

图 4-12　八路镇花卉超市

（五）"一菌"突起

——江苏省连云港市灌南县新安镇食用菌产业

江苏省新安镇的食用菌产业，以"一菌"突起之势迅猛发展，带领新安镇走向乡村振兴。

1. 基本情况

新安镇位于江苏省连云港市南端，西邻宁连高速，326省道、新港大道穿镇而过，古盐河航道纵贯南北，总面积142.6平方公里，耕地面积8.88万亩，辖29个行政村、313个村组，共有19849农户，其中农业人口6.4万人。当地土壤肥沃，光照充足，雨量适中，非常适合食用菌的生产。在各级政府的高度重视下，新安镇将发展和壮大食用菌产业作为优化当地农业产业结构、促进农民增收的重要抓手，食用菌产业得到快速发展。新安镇先后获得"江苏省文明乡镇""江苏省康居示范村"、连云港市"目标考核二十优乡镇"第一名、灌南县"目标考核乡镇突出贡献奖"等多项荣誉。

2. 产业发展

近年来，新安镇坚持以"发展靠载体、载体靠项目、项目靠招商"的理念，通过产业调研、科学规划，将食用菌产业确定为当地主导产业，食用菌产业强势崛起，企业集群集聚发展。2020年新安镇农业总产值为18.59亿元，食用菌全产业链产值达19.78亿元。目前，全镇拥有香如、裕灌、丽莎、丰收等工厂化食用菌生产企业10余家，其中国家级龙头企业1家，省级龙头企业3家，市级龙头企业4家。江苏裕灌现代农业科技有限公司作为国家级农业龙头企业，总投资15亿元打造裕灌加工产业园（图4-13），园区占地面积1200亩，在工厂化生产双孢菇基础上，建设罐头加工厂、冷冻厂、制罐厂等，主要产品为蘑菇、萝卜、豇豆等果蔬类罐头食品，产品远销欧美、日本、中东、东南亚等国家和地区，是集生产、加工、出口为一体的外向型食用菌产业园。新安镇食用菌产业目前拥有国家地理标志产品品牌"灌南金针菇"，绿色品牌20余个，

图 4-13　裕灌加工产业园

香如、丽莎公司杏鲍菇入选"全国名特优新农产品名录","丰收御品"成功注册国家商标。

3. 联农带农

新安镇一方面通过提升农民组织化水平,发挥产业的联农带农作用,采取"合作社+公司+基地+农户"的运行机制,以丽沙、香如、可为等企业为龙头,组建专业合作社,利用企业先进的生产工艺和完善的销售网络,为基地农户发展食用菌生产解决后顾之忧;另一方面通过技术培训,培养农村实用人才和科技示范户,以此提高农民的自我发展能力。新安镇还为返乡农民工、农村留守妇女、大学生等创造就业务工岗位1万多个,从业人员年均工资收入超3.5万元。食用菌产业已成为新安镇农业产业富民的重要途径。

4. 亮点经验

（1）政策扶持

新安镇政府高度重视食用菌特色产业发展,多次召开专项工作会议进行研究部署，先后出台了一系列推动食用菌产业发展的政策措施。

首先，把引进食用菌龙头生产、加工企业作为推进食用菌产业发展的关键，引进了一批具有新型设备、先进工艺、现代化管理、带动力强的"重量级"龙头企业，对固定资产投资500万元以上的工厂化生产企业按其固定资产投资的20%给予补助。其次，鼓励企业、合作社、家庭农场等进行大联合，发挥龙头示范作用。对专业合作社、种植大户等同样给予政策扶持，譬如对规模生产秀珍菇、黑木耳按每包0.5元给予补助，对规模化生产双孢菇、巴西蘑菇、茶树菇、香菇按每包0.3元给予补助等。改变了原来分散发展的模式，形成了良性互动的发展格局，带动食用菌特色产业走向规模化、工业化发展道路。

（2）科技支撑

科学规划。新安镇食用菌产业起步之初，便实行"走出去"与"请进来"相结合战略，一方面积极组织技术人员和企业大户到外地学习先进的食用菌生产技术，一方面通过招才引智的方式，引进外地食用菌专业人才来指导，先后邀请江苏省农业科学院（以下简称江苏省农科院）、南京农业大学的知名专家学者对食用菌产业发展进行详细调研论证，科学制定了新安镇《2009—2012年食用菌产业发展规划》。通过一系列规划措施让食用菌这一新兴、活跃、具有鲜活生命力的绿色产业朝着专业化的方向发展。

推广平台。近年来，依托中国农业科学院（以下简称中国农科院）、南京农业大学等科研院所，兴建了中国农科院（灌南）食用菌产业园、南京农业大学（灌南）食用菌产业研究院等产学研科技平台，2018年新安镇首个"院士工作站"揭牌成立，为当地食用菌产业发展奠定了坚实基础。这些平台对于推广新品种、新技术、新模式起到了重要作用，他们为全镇食用菌企业、基地和农户提供技术指导与培训，可解决产前、产中、产后的生产问题，提高了食用菌"三新技术"覆盖面。全镇荣获省农业技术推广三等奖2项、省农业丰收二等奖1项、市农业技术推广特等奖1项和市科技进步二等奖1项等表彰。

技术创新。通过实施江苏省农业三新工程、江苏现代农业产业技术体系建设等项目，新安镇从美国施尔丰（Sylvan）菌种公司、江苏省农科院等国内外知名食用菌科研院所引进推广了双孢菇、杏鲍菇等食用菌优良品种10多个，集成推广了培养料隧道"三次"发酵、液体菌种等绿色高产生产技术10余项，创新开发了杏鲍菇液体菌种工厂化袋料栽培、菌渣"二次发酵"栽培双孢菇草菇等新模式，进一步促进了当地食用菌产业的提档升级，鲜菇产量和品质同比显著提高，每平方米培养料双孢菇鲜菇产量达35千克以上，全年栽培8.6转次，杏鲍菇单袋产量超500克，核心技术达国内先进水平。

（3）品牌培育

新安镇要求所有食用菌企业严格按照行业标准进行生产，严格把控原料质量，建立质量追溯系统，实现全程标准化、机械化和安全化。2013年灌南县"灌南金针菇"顺利通过国家级审查，成为国家质量监督检验检疫总局（以下简称国家质检总局）正式批准的国家地理标志产品，所辖企业累计获得绿色、有机等"三品"基地认定、入选"江苏名牌"及江苏省农业品牌目录。2017年新安镇所在灌南县又先后被农业部表彰为全国农村创业创新园区（基地）、被国家质检总局评定为江苏省唯一的国家级出口食品农产品质量安全示范区。

（六）"千金草"石斛

——安徽省六安市霍山县太平畈乡石斛产业

安徽省太平畈乡立足优质资源、优美生态，积极挖掘石斛文化，促进石斛产业全面融合发展。有着"千金草"之称的石斛，也为太平畈乡带来"千金之利"。

1. 基本情况

太平畈乡位于安徽省六安市霍山县西南边陲，大别山腹地，面积86平方公里，辖8个村1.48万人。境内有道地中药材1460多种，是历史上有名的中药材之乡，更是霍山石斛的原产地、核心区。霍山石斛名列中华"九大仙草"之首、"十大皖药"第一，被喻为"千金草""软黄金"。近年来，太平畈乡立足优质资源、优美生态，大力推进霍山石斛产业发展，2016年被认定为"全国'一村一品'示范村镇"，2018年获批"农业产业强镇（霍山石斛）"，2020年获得"全国乡村特色产业十亿元镇"称号。

2. 产业发展

安徽省霍山县有种植石斛的悠久历史。在2016年被认定为全国"一村一品"示范村镇，2018年"农业产业强镇（霍山石斛）"建设实施以来，太平畈乡积极挖掘石斛文化、养生文化，加强配套基础设施建设，大力招商引资，促进石斛产业和健康养生产业深度融合发展，推进石斛产业升级，全力打造霍山石斛太平养生谷特色小镇（图4-14）。

截至2021年，已形成以王家店村为源头和核心，以"九太路"为主线的霍山石斛标准化种植基地16230亩；全乡从事霍山石斛生产加工服务的企业128家、合作社211家，港资天下泽雨、国企中国中药、上市公司长江精工等纷纷入驻；天下泽雨公司4000平方米霍山石斛精深加工车间通过国家良好生产规范（GMP）认证，已投产运营，霍山石斛文化博物馆、霍山石斛综合交易中心建成投用，大别山药王故居和霍山石斛种源保护基地已建设完成；目前石斛产业产值达12.13亿元，占全乡农业总产值13.9亿元的87.2%。

图 4-14　太平畈乡霍山石斛太平养生谷特色小镇 2 万亩霍山石斛长廊

太平畈乡不断壮大经营主体。坚持把培育新型农业经营主体作为助力乡村产业发展的主要驱动力，通过宣传发动、政策支持、优化服务等措施，积极培育农业新型经营主体，截至2021年，全乡拥有农业产业化重点龙头企业28家，其中省级1家、市级18家，县级9家；合作社211家，其中省级示范合作社1家、市级6家。

"霍山石斛"品牌影响力不断增强。全乡各类新型农业经营主体累计认证"三品一标"总数达到17家，产品35个，获得GMP认证企业1家；中国驰名商标1件、安徽省著名商标8件、六安市知名商标12件，"霍山石斛"获得国家地理标志保护产品认定，并获评"农产品区域公用品牌"百强；太平畈乡先后获得国家级"霍山石斛专业示范乡""中国中药石斛文化小镇""中国石斛之乡""中国特色农产品优势区"及省级"霍山石斛产业集群乡镇""霍山石斛特色小镇""霍山石斛品牌战略基地""霍山石斛科技产业园""安徽省第三批优秀旅游乡镇""安徽省避暑旅游目的地"等荣誉称号。2020年4月霍山石斛正式收载于2020年版《中国药典》，拥有了国家药品标准。

3. 联农带农

太平畈乡在联农带农机制上不断创新。太平畈乡依托霍山石斛产业，结合中药材发展，制定了"公司带农户，大户带贫户，先富带后富"的发展方向，逐步构建了

"龙头企业+合作社+基地+农户""龙头企业+家庭农场""合作社+农户+市场"的发展模式，激发人民群众内生动力，拓宽了贫困户脱贫增收之路，2019年安徽省政府授予天下泽雨公司全省十大扶贫企业。2020年，太平畈乡居民仅在农商行太平畈支行的存款余额就达3.6亿元，户均9万元，人均2.4万元，人民群众能实实在在享受到产业发展、脱贫攻坚、乡村振兴带来的实惠。

土地流转，盘活资源。全乡流转山场、林地18000余亩，流转费用每年达600多万元，惠及900多户群众。

劳务用工，促进就业。太平畈乡现有70%以上农户从事石斛生产、加工工作，全年临时用工达20多万人次，月均收入2000~3000元，进一步解放了农村闲置劳动力，增加了当地群众收入。

土地入股，享受分红。当地农民以土地入股的形式参与石斛产业发展，实现了资源变资产、资金变股金、农民变股东的转变，享受分红收益。如淮源农庄与周边18户农民签订了合作协议，群众以山场田地入股，并参与到农庄的种植、养殖和经营中来，年底统一进行分红，2019年度户均分红约8000元，直接带动了贫困群众脱贫增收。

4. 亮点经验

产业兴旺，富民有望，太平畈乡立足"一村一品"建设平台，依托"农业产业强镇"的优势，大力培育乡土经济、乡村产业，建立了完善的农民利益联结机制。

（1）政策支持、扩大规模

石斛产业被列为六安市和霍山县的农业特色主导产业之一，太平畈乡先后出台多项霍山石斛产业发展规划、扶持奖励办法等。在用地保障、财政扶持、金融服务、人才支撑、农民就业、城镇化建设等方面出台了相关政策以支持发展霍山石斛产业。

发展中注重做大产业规模，目前，全乡石斛基地16230多亩（图4-15），加工企业128家、合作社114家，总产值达13亿元；做精深层加工，深度开发石斛系列保健产品，拥有石斛精膏、石斛颗粒、石斛含片等产品20余种；做优康养旅游，培育了绿斗石斛生态观光园、淮源农庄、福康居等一批康养民宿。以霍山石斛为媒介，使乡村生态游、养生游、避暑游方兴未艾，结合"西山文化"等特色民俗，使"假日经济"蒸蒸日上，助推当地乡村产业振兴。

图 4-15 太平畈乡霍山石斛林下仿野生种植基地

（2）做大一产、融合发展

太平畈乡以霍山石斛产业为依托，按照一二三产融合发展思路，注重挖掘乡村生态、文化内涵，打造特色鲜明的休闲农庄，完善周边基础设施建设，大力发展休闲农业和乡村旅游，同时积极发展电子商务等新业态新模式，拓宽了产业融合发展途径。

石斛小镇已经形成。天下泽雨、绿斗石斛观光园、淮源农庄、福康居、长冲中药材等公司石斛休闲旅游养生项目建设相继竣工并向游客开放，天下泽雨、绿斗石斛成功申报国家和省级中医药健康旅游示范基地，农村产业融合水平显著提升，城乡融合日益兴旺，集休闲体验、生态观光、康养研学于一体的石斛小镇已经形成。

休闲旅游方兴未艾。以霍山石斛为媒介，重点开发乡村生态游、养生游、避暑游，结合"西山文化"等特色民俗，使"假日经济"蒸蒸日上，每年接待旅游参观、食宿游客7万余人次，有力地促进了农旅新业态融合发展。

电子商务发展迅速。目前太平畈乡以石斛等中药材为特色的土特产品由传统的线下销售渐渐转向在线上推广，"网红经济"已成为更多企业的营销"利器"，目前全乡新增电子商务公司65家，网络销售呈现新亮点。

图 4-16　太平畈乡天下泽雨公司霍山石斛加工基地

（3）科研助力、品牌培育

种植技术不断创新。积极探索霍山石斛林下种植新技术，建立了林下种植基地，激活林下经济，提高了产品附加值。同时在霍山石斛种植过程中大力推广病虫害综合防治新技术，采用物理和生物防治病虫害方法，推广施用有机肥和生物农药防治技术，使农业生态环境得到有效改善，霍山石斛的品质得到明显提升，质量安全得到了进一步保证。

太平畈乡与多家科研机构签订产学研合作协议，积极推动天下泽雨（图4-16）、长冲中药材等企业与香港大学、安徽中医药大学、合肥工业大学等高校签订战略合作协议。全力规划推进种源基地保护及新食品原料、"药准字""食准字"等深加工项目，增加了产品附加值。

（4）环境整治、成效明显

全乡采取立体化、成体系的污染治理办法，围绕"净空、净水、净土"，持续开展大气污染整治、工地扬尘整治、河道采砂整治、土地生态环境整治等四大整治行动。辖区内环境空气质量优良率达95%以上，居安徽省前列，可吸入颗粒物

（PM10）、细颗粒物（PM2.5）浓度均低于安徽省、六安市平均水平，辖区内空气质量优于国家一级标准。

太平畈乡作为霍山石斛道地种源地，顺应大健康产业发展趋势，将霍山石斛与现代农业、新型工业、生态旅游、休闲康养、中医药文化深度融合，全力打造特色农业基地、生态绿色工厂、休闲旅游胜地（图4-17）、养生宜居福地。先后获得"中国石斛之乡""中国中药石斛文化小镇""国家中医药健康旅游示范基地"等称号。

图 4-17　太平畈乡民宿夜景

（七）精打细"蒜"
——山东省菏泽市成武县大田集镇大蒜产业

山东大田集镇立足大蒜种植，延续加工，扩大品类，全产业链发展，精细打造大蒜产业。

1. 基本情况

大田集镇位于山东省菏泽市成武县东北部，辖63个行政村，108个自然村，8.1万人，11万亩耕地，总面积107平方公里。自20世纪80年代初开始规模种植大蒜以来，始终坚持"区域化布局、模式化栽培、科学化管理、社会化生产、市场化经营"的发展思路不动摇，大蒜产业得到"裂变式"发展，实现了华丽转变。大田集镇的大蒜闻名全国，系全国三大蒜区之一，有早熟、晚熟、红蒜、白蒜等品种，其中尤以晚熟白皮大蒜历史悠久，以个头大、产量高、品质好享誉国内外。大田集镇被山东省政府命名为"生态农业试点镇"，2006年被第四届中国大蒜节组委会命名为"中国蒜业十强乡镇"。近年来，随着全镇大蒜加工企业的迅猛发展，大蒜制品日益增多。

2. 产业发展

大田集镇自20世纪80年代初开始规模种植大蒜以来，1990年发展到3万亩，到2000年增至8万亩，2005年之后连年稳定在10万亩左右，年大蒜种植收入在5亿元以上。大田集镇成为国内乡镇级最大的大蒜加工基地和鲁西南大蒜主产区的核心。农民80%以上的收入来自大蒜，实现了村村种大蒜、户户"发蒜财"的目标。随着大蒜加工储运企业快速发展，全镇建有各类大蒜企业达300多家，以大蒜加工为主的农产品加工规模以上企业20家，年加工大蒜50万吨以上，产值25亿元以上，利税3亿元多元，同时给运输、物流、餐饮等第三产业带来2亿多元的经济效益，每年带动就业8000余人，增加收入超过2.4亿元。大田集镇一跃成为"山东省特色产业镇""省级农业产业强镇""中国蒜业十强乡镇""全国'一村一品'示范镇"和"全国乡村特色产业十亿元镇",为新时代产业振兴开创了新模式,树立了新样板。

3. 联农带农

大田集镇立足实际,大胆创新,探索实施了"龙头企业+合作社+基地+农户"产业融合发展模式。让"天鸿果蔬""莲成蒜业"等龙头企业与农民合作社等合作经济组织牵手,一头连接蒜农,一头连接市场,既为龙头企业提供了充足的大蒜资源,又为蒜农开启了畅销之门。通过打造大蒜标准化种植基地,以基地联结农户的形式,实现"产加销"一条龙链条式发展,不断建立和完善利益连接机制,实现农民增收、企业增效、财政增长多方共赢的良好效果。几年来,"天鸿果蔬""水发金桥"等企业与许花园等43个村签订合同,实施订单种植,建设无公害大蒜生产基地5.6万余亩,大蒜收购价格每公斤高于市场价0.2~0.3元,使蒜农每年增收2800多万元。图4-18所示为蒜农正在晾晒大蒜。

图 4-18　蒜农晾晒大蒜

4. 亮点经验

(1)抓品质,推行种植标准化

为从根本上提高大蒜品质,大田集镇积极探索、创新大蒜的标准化种植,推广无公害农产品生产技术,通过使用生物微肥、生物农药、降解地膜等措施,使大蒜生产达到无公害标准。同时,重视新品种的引进、更新和改良换代,选育和引进了苍山白皮、莱芜杂交、脱毒大蒜、太仓白蒜、金蒜系列等10余个高产、优质、抗病的优良品种，以保持大蒜品种的正常更新轮换，大蒜良种覆盖率达100%，使大蒜品质明显提升，90%以上达到出口标准。鼓励企业牵头发展大蒜无公害基地，全镇创建5.6万亩无公害大蒜种植基地，绿色产地认证2万多亩，建立6000亩GAP种植基地，收到较好的效果。

（2）抓效益，推行销售多元化

通过市场直销、出口销售、储藏加工和电子商务四种方式，实现大蒜种得好、卖得出、效益稳的目标。目前，大田集镇驻地沿省道东丰公路两侧规划建设了松散型大蒜蔬菜批发市场，每年蒜薹、大蒜上市期间，全国有20多个省市的客商前来购销蒜薹、大蒜，年交易大蒜和蒜薹50多万吨，大田集镇成为享誉全国的大蒜蔬菜集散中心。全镇有各类大蒜包装加工企业168家，其中9家拥有自营进出口权，每年向国内外市场销售大蒜达30多万吨，销量是全镇所产大蒜的3倍。同时，大田集镇发展大蒜电子商务企业20多家，天鸿果蔬集团成功创建省级电商示范企业。目前，大田集镇大蒜及相关产品除覆盖国内市场外，还销往东南亚和欧美等20多个国家和地区，每年经大田集镇市场销售大蒜及大蒜制品50多万吨。2021年1—8月份，虽然有疫情影响，但大蒜出口创汇仍上扬，全镇实现出口创汇8338万元。

（3）抓品牌，推行产品认证化

坚持把实施大蒜深加工项目、建设领军企业作为大蒜产业发展的根本之举。积极推行"品牌战略"，全面打造大蒜这个拳头产品。近几年，大田集镇大蒜被山东省农业农村厅命名为"无公害农产品"，无公害大蒜生产基地通过了农业农村部质量安全中心的认证，大田集镇又获得了"山东省特色产业镇""山东省'一村一品'示范村镇"和"中国蒜业十强乡镇""全国'一村一品'示范村镇"等称号，成为大田集镇大蒜的"金字招牌"。同时，大力培植龙头企业，打造过硬品牌，陆续建成"天鸿果蔬""莲成蒜业""水发金桥""荣诚果蔬"等10家大蒜深加工企业。这些企业坚持引进新工艺，研发新产品，有大蒜、蒜米、蒜干、蒜粉、蒜粒、火蒜、黑蒜、黑蒜酒、黑蒜醋等20多个大蒜制品供应市场，"御鸿园""老农坊""馋溢香""蒜参"已成为四大知名品牌；"天鸿果蔬"成功申报"成武大蒜——国家地理标志产品"和"国家质量认证"；"莲成"牌商标被认定为山东省著名商标，其产品成为山东省名牌产品；"御鸿园"牌大蒜系列产品被评为山东农产品知名企业品牌产品。大田集镇大蒜制品成为国内外知名品牌，形成了独特的产品新优势，其生产的黑蒜每500克价格达50多元，是一般大蒜价格的20倍。图4-19所示为加工厂的工人们正在对黑蒜进行分拣包装。

图 4-19　加工厂工人对黑蒜进行分拣包装

（4）抓融合，推行产城一体化

按照"镇园合一、产城一体"的工作思路，大田集镇聚焦产业支撑，依托大蒜这一特色优势，围绕一二三产融合发展做文章，以培植大蒜产业，打造大蒜品牌，塑造大蒜文化，发展现代农业，搞好休闲旅游为目标，依托成武县现代农业产业园的建设，规划设计了以大蒜精深加工、商贸物流、休闲旅游、文化展示、生态宜居为核心的"成武精致蒜艺小镇"。2017年7月份，大田集镇入围菏泽市市级特色小镇后，不断加快建设进度，特别是其成为全市"两新"融合试点镇以后，全力培植大蒜产业，依托国家产业强镇项目的实施，不断加快特色小镇的建设。截至2021年，已完成路基修建11公里，道路硬化修建5公里，初步形成了"七纵四横"的路网格局。大田集镇签约入驻项目有9个，计划总投资68.4799亿元，"成武精致蒜艺小镇"初具雏形。

（八）中国味道
——山东省德州市乐陵市杨安镇调味品产业

山东省杨安镇以加工调味品传播中国味道，其调味品产业在国内独占鳌头。

1. 基本情况

杨安镇位于山东省乐陵市南9公里，总面积88.47平方公里，耕地7.6万亩，辖83个自然村、10个居委会，人口近5万人。杨安镇紧邻乐陵市区，交通便利，区位优越，248、315两条省道在杨安镇交汇，德滨、京沪两条高速公路穿境而过，高速公路出口距离镇区仅1.5公里，南邻德龙烟铁路客货运站，距离京福铁路和京沪高铁德州东站和沧州站60公里，可"40分钟到济南国际机场，70分钟达天津，150分钟抵达北京"是连接北京、天津、济南、德州等大中城市的区域性中心，历史上就是冀鲁边界的物资集散地和商业重镇。杨安镇地处鲁西北平原，属暖温带半湿润大陆性季风气候，雨热同季，四季分明。

杨安镇是中国调味品协会命名的"中国调料第一城"，山东省首批特色小镇，山东省第三批特色产业镇，山东省"百镇建设示范行动"示范镇，也是山东省文明村镇。全镇近三分之一的村民从事调味品及相关产业工作。

2. 产业发展

20世纪70年代末杨安镇人就开始从事调味品加工贸易，目前杨安镇已发展出以辛香类调味品深加工为主的调味品全产业链。市面上销售的方便面，80%的调味包出自杨安镇，火腿肠内的调味料更是占到了90%。杨安镇现有调味品企业213家，产品多达400多个品类，产品出口欧美、东南亚、日本、韩国等70多个国家和地区。2020年，调味品产业主营业务突破200亿元，相比2016年翻了两番。

杨安镇立足实际，创新探索，确立了"二产带一产、二产促三产，以调味品三产融合带动四美乡村建设"的发展思路，实施产业融合工程，全面提升了调味品产业的发展水平。

（1）搭建产业平台

杨安镇确立了调味品产业向园区集中的发展思路，投资4.5亿元建设调味品科技共享产业园，总建筑面积达28万平方米，主要包括小镇会客厅（含科技研发中心、商务中心、品牌推广中心、调味品指数发布中心）、调味品产业共享车间、电商创客平台及污水处理等相关配套设施，形成了"科研平台+示范基地+科技企业+电子商务"完整的调味品产业链，有效推动了杨安镇调味品产业提档升级，并进一步壮大了乐陵市全国调味品集散地及产业集群的综合实力。

（2）开发本土种植

杨安镇土地肥沃，农业发达，是鲁西北优质粮棉重要产区。依托调料市场，现已建立起辣椒、大蒜、花椒、无公害蔬菜、名优特稀调料原料生产基地，特别是辣椒种植面积已达3万亩，12个品种，是乐陵市创汇农业基地。

杨安镇王屯村成立了乐陵市溢香农作物种植专业合作社，流转土地935亩，配套实施水肥一体化项目；促成合作社、中小企业、龙头企业三方合作；与德州学院签订战略协议，以得到技术支持。2020年大蒜、辣椒喜获丰收，为群众亩均增收6000元、村集体增收24万元。结合高标准农田建设项目，2021年年初推动碧霞湖辣椒和洋葱片区规模化种植。图4-20所示为工人们晾晒辣椒。

图 4-20　辣椒晾晒

（3）扩大品牌影响

杨安镇与安井食品、九洲基业、小麦铺等名企对接，重点引进龙头企业和知名品牌；积极引导乐陵市调味品行业商会注册"味都杨安"集体商标，培育区域共用品牌；与中国调味品协会签订品牌战略推广协议，以进一步提升"中国味都，杨安智造""中国味道从杨安镇出发"的美誉度和知名度；成立海峡两岸调味品行业产业联盟，融合海峡两岸产业振兴经验成果，推进海峡两岸调味品及饮食文化专业品牌的交流。

3. 联农带农

杨安镇在发展调味品加工的同时，不忘联农带农，让农民也能分享调味品产业带来的收益。首先，利用杨安镇土地肥沃、农业发达的优势，建立了辣椒、大蒜、花椒、无公害蔬菜及各种调味品原料的生产基地，其中辣椒种植面积达3万亩，12个品种。推广"宝力模式"，促成农民专业合作社、中小企业、龙头企业的三方合作局势，在经营管理上为农民提供保障；政府协调与科研院所合作，在种植技术上提供支持；流转土地，实施水肥一体化项目、高标准农田建设项目等，从操作上提供帮助，推动规模化种植。其次，鼓励创业，培育新型经营主体，在壮大支持龙头企业的同时，扶持小微企业，使产业结构日趋合理，达到共同富裕的目标。

4. 亮点经验

（1）市场覆盖广泛

从产品形态上看，杨安镇调味品产品主要分为固态、半固态、液态、调味油四大类。其中固态调味品生产企业占90%（图4-21），半固态调味品生产企业占6%，以"乐家客""神厨""祥瑞"生产的辣椒酱、火锅底料为代表；液态和调味油生产企业占4%，以"希望""凯奥"生产的花椒油、香油为代表。从产品品种上看，主要包括花椒、大料、胡椒等香辛料70余个品种，加上复合或复配的产品多达400余种。此外还有部分企业生产糖、鸡精、泡菜等调味品，产品出口欧美、东南亚、日本、韩国等70多个国家和地区。

（2）产业结构合理

调味品作为传统行业，准入门槛较低，经过多年发展，杨安镇呈现出龙头（大型企业）带动、龙身与龙尾（中小型企业）共舞的产业结构。杨安镇所在的乐陵市拥有国家级农业产业化龙头企业1家、省市级龙头企业10家，以"飞达""庞大""乐畅"

图 4-21　调味品加工

等为代表的规模以上企业占企业总量的12%，小微企业占企业总量的25%，中小企业占企业总量的63%，发展走势稳健，绝大多数企业没有贷款或者资产负债率很低，产品直接面向终端消费者。

（3）多措保持后劲

开发大众市场上，凭借良好的产品质量，"庞大"以原料调味品、干粉调味品、家常菜复合调味料、火锅调味料等小包装产品主攻占领山东、东北市场；以"祥瑞""腾达"为代表的辣椒酱生产企业，在中低端市场前景良好。探索新兴模式上，"飞达""乐畅"等20余家调味品企业积极开发电子商务等新兴销售模式，"益民"等中小企业也在线上线下销售同时发力。在品牌塑造上，"乐家客"成为第十三届全国运动会指定供应商，"乐畅"成为上海合作组织青岛峰会指定供应商。助推产业发展上，发布了全国首个调味品指数——"中国乐陵调味品指数"，数据纳入国家发展和改革委员会、商务部数据库，为推进调味品产业持续健康发展提供数据支持，开启了乐陵调味品行业发展的新局面。2020年，杨安镇立足"中国调味品之都"，多措并举促进调味产业健康发展，为乐陵调味品产业发展稳步提升提供了有力支撑。

（4）发展会展经济

第五届中国（乐陵）调味品产业博览会分会场、山东调味品协会2020年会在杨安镇举办，两岸调味品行业产业联盟在杨安镇成立；同时，杨安镇积极组织调味品企业参加全国糖酒会和中国（国际）调味品及食品配料博览会，协助调味品企业举办好全国经销商年会。通过发展"展会经济"，实现"产品展示与订货、销售相结合，展销与经济技术合作相结合，展销与招商引资相结合"。

（九）"薯"香世家
——山东省枣庄市滕州市界河镇马铃薯产业

山东省界河镇种植马铃薯由来已久，是名副其实的"薯香世家"。近年来，界河镇推动马铃薯产业的进一步发展，实现了小土豆、大基地、大产业、好品牌，使界河镇走向民富镇强。

1. 基本情况

界河镇位于山东省西南部，是枣庄和滕州的"北大门"。总面积83平方公里，总人口8.2万人，辖10个农村党总支、68个村。地势东北高、西南低，东、北、西部边缘分布有灵泉山（龙山）、马鞍山、马山、狼山、凫山，南部地区为平原，属暖温带季风型大陆性气候。交通便利，104国道、京福高速公路、京沪铁路穿境而过，西部有滕州港、向阳港等物流港；境内有北沙河、界河两大河流，水资源充裕。工业基础较好，是全国著名的建材基地。

界河镇特色农业优势突出，是中国马铃薯之乡主产区、全国最大的马铃薯二季作产区。

2. 产业发展

界河镇种植马铃薯历史悠久，从民国初期开始，已有100多年。从零星的"自供自给"发展到规模化生产，目前马铃薯生产已达到专业化的村有68个，95%的农户从事马铃薯生产，马铃薯产业已发展成为富民强村、振兴乡村的支柱产业。作为中国马铃薯之乡核心产区、全国最大的马铃薯二季作产区，界河镇春秋两季的马铃薯种植面积达13万亩，占可耕种总面积的92.8%，"两薯一粮"种植模式为全国首创，实现了"亩产万斤薯、千斤粮、产值过万元"，是农业农村部推广高产高效的典型，全镇马铃薯总产量达到50余万吨，总产值近12亿元。"滕州马铃薯"入选"全国农产品区域公用品牌价值评估前100名"，销往16个国家和地区。界河镇已成为全国马铃薯产业的风向标，先后被评为"全国'一村一品'示范镇""中国果菜百强乡镇""中国最具特色农业十佳镇""山东省马铃薯产业专业镇""山东省平安农机示范镇"等。

3. 联农带农

2020年，界河镇农民人均纯收入达2.6万元，户均储蓄达18万元，位居滕州市乡镇首位。全镇现有各类马铃薯产业新型经营主体301家、恒温储存库33家，马铃薯产业所涉及的仓储、物流、销售等各类服务业态每年可带动劳务用工5万人次，人均增加工资性收入6000多元，进一步促进了农民增收致富。

4. 亮点经验

（1）创新驱动，增强支撑力

界河镇始终坚持科技强农兴农这一关键，突出马铃薯产业科技创新方向和重点，加快品种技术和生产技术创新，探索出一条特色鲜明、优势突出、产业领先的科技创新之路。一是推动良种研发。建有枣庄市首家马铃薯育繁推一体化基地，自主研发的"滕育一号"种薯在全国推广；依托泓安、宏达马铃薯专业合作社，建成高质量组培中心、标准化网室，年产原种800万粒，异地繁育脱毒种薯10万多吨，可供应河南、新疆等多个省（自治区），覆盖地块100万多亩，实现了由"销售商品薯"向"销售种薯"的转变。二是提升种植技术。围绕打造科技型、智慧型马铃薯产业，先后承担新品种选育试验60个，推广配色地膜、秸秆反应堆、堆沤腐熟再利用等先进技术12项，加快了马铃薯生产模式的升级换代，带动全镇发展二膜以上拱棚6.5万亩。三是强化基地建设。大力实施土壤改良修复工程，建成科技领先、配套完善、高质高效的马铃薯示范区。严格落实技术指导、农资供应、管理程序、上市检测、包装销售"五个统一"，建成农业标准化示范基地11处，成功创建全省绿色马铃薯生产基地（图4-22），有力带动了马铃薯向绿色方向发展。

（2）坚持绿色生产，增强持续力

界河镇立足长远，积极探索，走出了一条产业振兴可持续发展的绿色大道。一是全面实施绿色生产。大力推广绿色、生态、无公害种植技术，广泛推广测土配方施肥、喷灌微灌等先进技术，深入开展化肥农药"零增长"行动，实现了马铃薯生态种植、绿色收获。完善镇、村、合作社三级监管体系，加大马铃薯农药残留检测，建成7处农产品质量速测点，马铃薯抽检合格率达到100%。二是探索优化种植结构。采取

第四章 乡村特色产业"十亿元镇亿元村"典型案例

图 4-22 马铃薯生产基地

政府引导、合作社组织的方式,在"两薯一粮"的基础上积极推广"两薯一菜""两薯一豆"种植模式,为群众提供土地深松技术和大豆、花生等农作物良种,提高群众的种植积极性。试点推广休耕轮作和"薯粮间作",精准实施水肥一体化、高效栽培模式,使农业种植结构更加优化。三是大力推广秸秆综合利用。积极探索秸秆粉碎还田、秸秆气化、生物质发电、秸秆生物反应堆等秸秆利用新途径、新模式、新技术,建设秸秆利用示范村30个,累计利用各类秸秆40万吨,秸秆转化处理率达100%,实现了农业生产与环境保护的双赢。

(3)深化融合,增强带动力

界河镇将培育现代农业"新六产"作为重要抓手,加快定向招引、激发内生动力,使产业融合态势逐步形成。一是着力推动加工业提档升级。依托九易科技兄弟生鲜公司,进行马铃薯鲜切加工,延伸产业链条,提高了产品附加值;与山东产业技术研究院达成合作意向,引进广东小川实业有限公司年产3万吨马铃薯深加工项目,以加快建设马铃薯现代农业产业园;积极对接中国农科院农产品加工所,加快马铃薯主食产品开发,不断延伸产业链条。二是着力培育新兴业态。积极开展培训指导、社会化服务等新业态。建立全省首家新型职业农民俱乐部,依托好丽农飞防大队,利用近100架无人机实现统防统治,覆盖全市小麦、马铃薯面积60余万亩;深入实施"互联网+"行动,利用仲家汇18家生活超市进行线下销售,在京东生鲜平台进行线上展销,使马铃薯品牌价值实现最大化。三是着力做强物流仓储。界河镇境内有104国道、枣菏高速、京沪铁路等交通网络,区位优越,交通便利,有利于仓储物流产业的发展。截至2021年，全镇建有恒温库33座，年可周转冷藏马铃薯30万吨，可实现反季节销售；马铃薯中介运销组织从业人员1万多人，已逐步形成集良种繁育、精深加工、仓储物流为一体的全产业链。

（4）强化品牌，增强竞争力

界河镇把品牌培育作为增强农业竞争力的关键举措，做强特色农业产业，增强品牌竞争力，为产业振兴注入品牌新动力。一是树立品牌意识。以"厚道滕州人、放心农产品"为主题，始终注重马铃薯品牌经营，通过市场化手段，有序整合、培育知名品牌。目前全镇农产品"三品一标"认证数量达到13个，其中，认证马铃薯绿色品牌2个、获得有机食品认证1个；注册的"滕州马铃薯"地域商标入选全国农产品区域公用品牌价值评估前100名。二是增强贸易实力。大力实施"农超对接、出口创汇"战略，每年有近30万吨马铃薯销往上海、深圳、西安等30多个大中城市，并远销中国香港、日本及东南亚等国家和地区，滕州马铃薯产业的知名度进一步提升。三是倡导节会经济。抓好"滕州马铃薯"的宣传推介，连续十三届承办、主办、参加中国（滕州）马铃薯科技文化节；界河马铃薯高产攻关、生态循环农业等16个项目、经验及先进做法先后被中央广播电视总台财经频道等媒体报道播出，全方位助力品牌推介、展示界河风采，逐步将马铃薯产业培育成界河镇的品牌产业、富民产业、支柱产业，加快推动马铃薯生产大镇向马铃薯产业强镇转变。

（十）信阳毛尖
——河南省信阳市浉河区董家河镇茶产业

河南省董家河镇是信阳毛尖的原产地和核心产区，以优惠措施引导产业发展，以旗舰企业带动产业发展，以产品品质保障产业发展。

1. 基本情况

董家河镇地处河南省信阳市浉河区西南部，南湾湖上游，距市中心25公里。全镇总面积285平方公里，辖24个行政村、1个居委会，263个村民组，总人口4.6万人。董家河镇历史悠久，文化深厚，山水相间，风光秀丽，交通便利，史为"茶乡明珠"，今为"毛尖小镇""绿茶之都"。2017年11月，董家河镇获评"第五届全国文明村镇"。2020年7月，全国爱国卫生运动委员会确认董家河镇为2019年国家卫生乡镇（县城）。

董家河镇是信阳毛尖的原产地和核心产区，也是"信阳红"红茶的发源地和高端产区。董家河镇生态优美，资源丰富，这里山以茶绿（图4-23）、水以茶清、人以茶

图4-23　董家河镇茶园

富、镇以茶名。著名的"五云"即车云、云雾、集云、天云、连云五大产茶名山全部坐落在该镇境内，是信阳毛尖的原产地和高端产区，也是新派"信阳红"红茶的发源地和核心产区，所产信阳毛尖以其"外形细、圆、紧、直，白毫显露；内质香高味浓，滋味甘醇"的鲜明特点驰名中外，屡获大奖。早在1915年，董家河镇车云山所产的毛尖茶与贵州茅台酒一起即荣获巴拿马万国博览会金奖。自2010年以来，"信阳毛尖"连续10年跻身"中国茶叶区域公用品牌价值十强"。

2. 产业发展

董家河镇24个行政村全部以茶叶为主导产业，该镇现有11895户，从事茶叶生产的有7200余户，占全镇农户总数的60.5%。全镇现有茶园面积15万亩，可开采面积12万亩，人均茶园面积3.3亩。2020年干茶产量约380万公斤，茶叶总产值12亿元（其中红茶产量80万公斤，产值2亿元），占全镇农业总产值的70.5%。2020年董家河镇农民人均纯收入19398元。图4-24所示为董家河镇采茶场景。

农业产业化国家重点龙头企业信阳毛尖集团（五云茶叶集团）、华祥苑茶业有限公司在董家河镇建立了高标准的生态茶园和茶叶加工厂（图4-25），同时还有信阳红茶业有限公司、信阳广义茶叶有限公司、信阳贤峰茶叶有限公司等10家市级重点农业产业化龙头企业分别在该镇建立了茶叶加工基地，形成了以车云山、集云山、云雾山、天云山、连云山等为主的中高档精品大山茶叶产区，以清塘、石畈、耙过塘、余庙等毗邻南湾湖的8个村为主的临水茶区，以及以东北部沿湖路各村为主的浅山丘陵中低档茶叶产区三大示范种植带，全镇无公害生态茶园面积达75%以上。

董家河镇建有占地面积120亩的董家河茶叶交易大市场，入住商户156户，吸引省内外近千名客商来此交易。茶叶上市旺季，日交易量达6000余公斤，交易额2000余万

图4-24　董家河镇采茶场景

图4-25　董家河镇毛尖茶加工厂

元，年创利税上百万元。

2009年6月1日，国家标准《地理标志产品 信阳毛尖茶》（GB22737—2008）正式实施，确保了董家河镇信阳毛尖的正统身份和权益。目前，五云茶叶集团有限公司拥有中国驰名商标"龙潭"、河南省著名商标"五云山""陆羽"，并通过ISO9001国际质量管理体系、QS国家质量安全体系认证、危害分析及关键控制点（HACCP）食品质量安全管理体系等认证。1999年，"五云山"牌信阳毛尖在昆明世界园艺博览会上荣获金奖。信阳市广义茶叶有限公司拥有河南省著名商标"广义牌"，2007年4月，"广义牌"信阳毛尖被2007世界绿茶大会（日本）绿茶评比中国区选样会暨"蓝天玉叶"杯全国名优绿茶评比活动评为优质奖；2007年9月中国（郑州）国际茶业博览会评比大赛，"广义牌"信阳毛尖荣获金奖，"广义牌"系列毛尖产品被评为中原地区茶叶畅销品牌；2012年又推出了"开元"系列茶品。信阳华祥苑茶业有限公司由中国香港设计大师陈幼坚打造了"天子"系列信阳毛尖茶，并推出"君子"系列信阳红，以及"金豫眉"信阳红。贤峰茶叶有限公司的"贤峰"牌信阳毛尖是河南省著名商标，已全面通过ISO9001国际质量管理体系认证、HACCP食品安全管理体系认证、QS国家质量安全体系认证、农业农村部无公害农产品认证。

此外，董家河镇建设了茶文化民俗博物馆，加强品牌形象对外宣传（图4-26）。

图 4-26　董家河镇茶文化民俗博物馆

3. 联农带农

董家河镇在积极培育壮大茶叶产业的同时，注重加强龙头企业、专业合作组织等的联农带农作用。目前，全镇有各类茶叶生产企业10余家及茶叶协会等。茶叶专业经济合作组织81家，加入合作社的农户达7200余户，人员10000余人，辐射带动全镇75%以上茶农增收致富。2020年董家河镇农民人均纯收入达19398元。

4. 亮点经验

（1）政策扶持

以优惠措施引导产业发展。结合新农村建设，抓住农业综合开发、农网改造、水利建设等项目的政策机遇，认真搞好茶区公路、茶叶生产用电、农业产业现代化等项目的规划建设，切实解决茶区基础设施建设滞后问题；积极探索农村土地流转机制办法，依据每年茶叶发展计划，鼓励私营企业、个体工商户、茶农及农业专业合作组织采取"个人投资、招商引资、信贷扶持"等办法创办良种新茶园示范基地；政府积极作为，主动对接茶叶科研机构、大专院校，为企业、农户提供技术支持，加强其对茶园管理的积极性，确保优质茶园成功建立，适时淘汰落后品种。目前，信阳毛尖集团、华祥苑茶业有限公司、信阳红茶业有限公司、信阳广义茶业有限公司等12家市级重点农业产业化龙头企业分别在董家河镇建立了高标准生态茶园，全镇无公害生态茶园面积达75%以上。

（2）品牌引领

以旗舰企业带动产业发展。运用工业理念指导茶产业发展，重点扶持五云集团、华祥苑、九拓信阳红、广义、驼峰、贤峰等有自主品牌、有鲜明特色、有生产规模的骨干茶企业，帮其建基地、铺路子、拉资金、找市场，引导其扩大规模、做强特色、提升品牌，充分发挥大型茶企的辐射带动作用，完善"公司+基地+农户"的合作模式，提高茶叶生产的产业化水平。目前，信阳毛尖集团等12家重点企业都在董家河镇建立了年产值上千万的高标准茶叶加工园。信阳毛尖集团的"龙潭"牌信阳毛尖被认定为中国驰名商标，"五云""九拓""广义""御品峰""西山丰""贤峰"等信阳毛尖品牌也多次获得茶叶评比大奖，被认定为市级以上茶叶著名商标。

（3）科技兴茶

以产品品质保障产业发展。浉河区农业主管部门依托信阳农林学院等农林科技院校大力推广农业防治、物理防治和生物防治技术，减少或不施用化肥农药，推行以施用有机肥为主的栽培措施，严格执行茶叶采摘、加工、包装、储运无公害操作规程，以提高茶叶风味品质和卫生品质，在促进农民增收的同时，保证消费者买到放心的茶叶。引导企业主动与行业科研院所合作，将先进的科学技术、科学设备广泛应用和转化到茶品开发、茶叶加工中去，实现"优质化、自动化"的生产。"信阳红"便是"行政推动、科技运作"的成果，一红一绿两大品牌的做大做强，使民众增收，镇域经济发展也有了质的飞跃。

（4）人才带动

董家河镇从人才培养着手，开展良种培育、茶园管理、青叶采摘筛选、茶叶炒制等各个环节全方位、多层次的技术培训，提高茶农整体素质，努力培养一支善于接受先进技术、具有丰富的茶业业务知识、高素质的茶农队伍，为茶产业发展提供人才保障。鼓励一家一户茶叶生产加工向大型茶企和茶叶生产大户集中，大力发展茶叶生产加工新技术，以提高茶产品科技含量。同时突出地方特色，强化品牌意识，着力打造独具地方风格的董家河品牌。2021年春茶叶开采后，来董家河镇购茶的客商络绎不绝，春茶远销北京、上海、广州等地，平均价格比上年上涨50~80元/公斤，茶农人均增收5500多元。

（十一）"瓜瓜奇谈"
——河南省夏邑县北岭镇西瓜产业

河南省北岭镇立足西瓜产业，在"优""精""特"上下功夫，强化科技支撑，培育市场主体，打造西瓜驰名品牌，带动特色休闲旅游农业发展。

1. 基本情况

河南省夏邑县北岭镇总面积71.9平方公里，辖35个行政村，141个自然村，人口5.8万人，耕地7.2万亩。近年来，北岭镇结合镇情，做实"土地资源变资本"文章，立足夏邑"中国西瓜之乡"，打造特色农业强镇，因地制宜地实施了"一带二路三园区四基地五目标"工程，以大棚84-24西瓜、葡萄、黄瓜等果蔬种植为主导产业，立足西瓜产业，在"优""精""特"上下功夫，大力发展特色休闲旅游农业。通过政府引导、资源整合、土地流转、新型职业农民（能人）带动，以点带面，辐射周边，规模发展，全面推进，积极打造"一村一品，一镇一业"。目前，全镇大棚84-24西瓜、青椒种植3.8万亩，优质葡萄种植7000亩，发展100亩以上反季节种植温室果蔬现代农业园区8个，150亩西瓜转型升级示范园1个，发展专业种植合作社和家庭农场430余家，年经济效益达10亿元以上，为巩固脱贫攻坚成果和推进乡村振兴提供了强有力的产业支撑。

2. 产业发展

北岭镇以大棚84-24西瓜、果蔬为主导产业，产值占全镇农业总产值的66.7%。全镇流转土地4.2万亩，大棚84-24西瓜（图4-27）、青椒种植面积3.8万亩，大棚西瓜种植示范园区36个，大棚84-24西瓜改良育苗栽培示范园5个，温室现代农业示范基地200亩以上4个，农业观光采摘园32个，专业种植合作社和家庭农场260个，带动3000多贫困人口脱贫致富，年经济效益达11.2亿元。

北岭镇是夏邑县"中国西瓜之乡"的发源地和主要种植区，种植的夏邑西瓜获得

图 4-27　北岭镇万亩大棚西瓜示范基地

了国家地理标志产品保护。北岭镇是"全国'一村一品'示范村镇""河南省农村科普先进单位"。

西瓜是北岭镇的传统优势产业和支柱产业，果蔬是近年来发展较快的特色产业，在种植上形成了上茬西瓜、下茬果蔬的一年二茬轮作种植模式；采取"公司+合作社+农户+保险公司"的产业化经营模式，通过"政府引导、合作社参与、保险公司理赔"的护航模式，实施产、供、销一体化发展，助推特色产业不断壮大。打通农户向合作社、家庭农场注资或土地经营权流转的渠道，使合作社与农户的利益能有效融合。合作社在充分尊重农户意愿的基础上，根据农户或贫困户自身的实际情况，通过"入股分红""承包分红""转移就业""技术帮扶"等方式对接，把农户吸收到合作社，通过合作机制带动农户按照种植发展、务工就业、销售流通、电子商务或休闲观光需求组织生产，让农户分享到更多的二三产业增值收益，在提高农户收益水平的同时，还可扩大原料来源和保障设施生产用地。如孙后寨坚佳果蔬合作社流转土地1000多亩，成功走向了产、供、销一体化，是合作社带领群众脱贫致富的典型。

3. 联农带农

（1）从业人员多

北岭镇发展大棚84-24西瓜面积3.8万亩，大棚7.2万个，仅西瓜年总收益5亿元以上，加上辣椒、葡萄、黄瓜等果蔬种植，年经济效益达11.2亿元，带动西瓜产业种植产前、产中、产后参与人员达4万余人次，并催生出收入不菲的专业验瓜师行业。吸引豫、鲁、苏、皖及周边游客6万余人次到此体验采摘乡村游。产业扶贫具有较好成效，全镇9个重点贫困村全部发展成优质西瓜专业村，带动贫困户500余户，促进贫困人口3000人务工就业增收脱贫，西瓜产业成为该镇农民群众脱贫致富奔小康的主导产业。

（2）致富短平快

大棚84-24西瓜当年种植当年收益，见效快、效益高，亩均收入8000～12000元（图4-28）。刚过不惑之年的涂习刚，有劳力，过去因没有技术、缺少资金一直生活在贫困线以下，2016年在驻村工作队多方协调和支持下，贷款5万元，承包土地50亩种植大棚84-24西瓜，2017年实现纯收入9万余元，一举脱贫奔小康。

（3）带动效果好

西瓜产业的发展为当地提供了种植、管理、采摘、包装、装车、运输、餐饮等一系列就业岗位，带动贫困人口就业脱贫。北岭镇刘集村贫困户崔接兵，在政府和驻村工作队的帮助下，2016年开始尝试种植西瓜，当年实现由贫困户向小康户的跨越。他致富不忘乡邻，2017年成立崔氏种植专业合作社，建立西瓜购销点，每年为贫困户销售西瓜50万斤，在他的带领和指导下，有14户贫困户实现种瓜脱贫，25人在他的种瓜基地和瓜行务工脱贫。

（4）风险可防控

为防控种植风险，通过保费优惠的形式，引导农户为大棚西瓜投保。2018年，部分大棚西瓜遭受倒春寒冻害，中国人民财产保险股份有限公司及时理赔200余万元，

图 4-28　北岭镇西瓜丰收

减少了自然灾害损失。在夏邑县农业农村局的指导下，西瓜种植大户、合作社成立了北岭镇西瓜协会，发展会员645人，为西瓜产业发展提供了技术保障。北岭镇积极与县农业农村局、市场监督管理局联系沟通，镇政府各部门联合开展西瓜市场监管，严厉打击生瓜上市等损害夏邑西瓜形象的行为，保证产品质量，维护市场秩序，稳定外来采购客商，维护西瓜销售市场。

4. 亮点经验

（1）政府主导是纽带

北岭镇高度重视优质大棚西瓜产业的发展，将大棚西瓜产业作为精准扶贫的重点产业和推进产业兴旺、乡村振兴的突破口、切入点纳入产业发展规划，积极创建省级现代农业产业园，整合涉农项目资金统筹用于技术推广、产销对接、市场建设等产业链各个重点环节。北岭镇以市场为导向，依托资源技术优势，突出地方特色，因势利导，在政策扶持、资金投入、土地流转、产业布局、技术服务等方面给予大力支持。北岭镇成立了西瓜产业发展领导小组，制定产业发展规划，建立了镇领导包管区、管区书记包村、村干部包户、技术人员包村帮扶责任制。

（2）选准产业是核心

北岭镇之所以把优质大棚西瓜作为主导产业，一是84-24西瓜自2005年引进种植，由引进时的30亩发展到现在的3.8万亩，能够发展壮大，说明有较好的群众基础和种植经验。二是84-24西瓜皮薄、无籽、糖度高、口感好、品质优、体量适中、上市早，深受消费者青睐，市场需求持续向好，瓜农收入在高位稳步提升。三是西瓜产业从种植、管理、采摘、包装、装车、运输、餐饮具有较完整的产业链，吸纳大量的劳动力，为村民提供了大量务工就业岗位，联农带农致富范围广、效果好。

（3）科技支撑是保障

为保证大棚西瓜产业长期稳定发挥带贫致富作用，北岭镇积极与中国园艺学会、国家西甜瓜产业技术体系、河南省农业科学院园艺研究所合作，建立综合试验站，并被列为河南省"四优四化"科技支撑行动计划的示范镇、省级西瓜标准化种植示范区。北岭镇与南京农业大学签订"博士后工作站"共建协议，邀请专家授课、指导，从而提升产业发展水平，促进产业不断提质升级。编制的《夏邑县大棚84-24西瓜生产技术规程》成为商丘市地方标准，重点推广拱棚结构、自根栽培、轮茬种植、配方施肥、防控病虫、标记授粉、质量监控七项技术，实施质控有制度、人员有责任、技术有规程、用药有台账、生产有记录、售前有检测、产地有证明、信息有查询"八有"质量控制措施。

（4）培育主体是手段

创新运用"把农民培养成新型职业农民，把新型职业农民培养成党员，把党员培养成村干部，把优秀党员干部培养成村支部书记"的"四步培养法"，实施"培源""先锋""树优""头雁"四大工程。加强对返乡农民工、新型职业农民教育培训，培养了一批"爱农业、懂技术、善经营"的新型职业农民。目前，全镇大棚西瓜种植户以合作社、家庭农场为主，大多年龄在30~55岁，有外地打工经商阅历；西瓜种植面积平均在30亩左右，实现适度规模经营。西瓜种植需要多管理，但个体劳动强度不大，适于有一定劳动能力的人员在棚内务工。平均每个家庭农场长期用工6人左右，联农带贫紧密。例如，北岭镇朱厂村张前进家庭农场种植84-24西瓜58亩，长期在农场务工村民10人，每人每天务工收入60元，加上土地流转收入，人均年增收5600元。

（5）打造品牌是关键

"夏邑西瓜"之所以长盛不衰，北岭镇西瓜令人"瓜目相看"，得益于近年来夏邑县县委县政府坚持不懈的助农宣传和多方推广。

政府搭台瓜农唱戏。2018—2021年，北岭镇连续承办了四届河南夏邑西瓜文化节（图4-29，图4-30），邀请名人明星代言，连续两年中央广播电视总台农业农村频道

图4-29　第一届河南夏邑西瓜文化节

图 4-30　第二届夏邑·北岭镇西瓜文化节暨好西瓜大赛现场

《美丽中国乡村行》栏目采访报道夏邑西瓜，新华社、《人民日报》《河南日报》等多家主流媒体予以采访报道，助推"夏邑西瓜"品牌走出夏邑、走向全国。特别是2020年、2021年第三、第四届河南夏邑西瓜文化节暨"云端论瓜""电商助农"直播活动，吸引人民网、央视网、央视移动新闻客户端、河南电视台农业农村频道纷纷前来直播报道，阿里巴巴、淘宝、抖音、拼多多等电商平台同步开启参与直播活动，当天售出84-24西瓜等农产品2.9万单，价值96万元。

走出夏邑推向全国。北岭镇积极组织参加省内外产销对接活动，推介夏邑北岭西瓜。先后组织参加了郑州全国绿色食品博览会、商丘中部六省扶贫产品产销对接大会。

创建品牌打造名牌。2017年，夏邑被授予"中国西瓜之乡"称号，"夏邑西瓜"被农业部登记为农产品地理标志产品。"北岭西瓜"注册了全国农产品商标，2018年获评"河南省知名农业品牌"，2019年获评"全国名特优新农产品品牌""河南省知名区域公用品牌"。

（十二）稻花香里说丰年
——湖北省襄阳市襄州区龙王镇稻虾产业

湖北省龙王镇在传统水稻产业的基础上发展虾稻共生，以农业供给侧结构性改革为主线，大力发展高效生态现代农业，打造布局合理、特色鲜明、链条完整、生态环保、功能集成的田园综合体。

1. 基本情况

龙王镇位于湖北省襄阳市襄州区西北部，是一个山清水秀的鱼米之乡。全镇下辖47个行政村、两个社区，17847户，总人口73401人。版图面积287平方公里，耕地面积28万亩，水稻面积15万亩，是优质稻产业发展重镇，旱地13万亩，林地1.9万亩。2020年全镇生产总值39.4722亿元，农民人均可支配收入18754元，比全县农民人均可支配收入（16024元）高出17.04%。龙王镇是传统的粮油大镇，是襄阳的粮仓，被誉为襄州的"小新疆""襄阳粮谷——产粮第一镇"。龙王镇是传世佳酿茅台小麦原料的产地，建有"茅台集团有机小麦基地"，2012年被评为"襄阳十大名镇"和"全国'一村一品'示范村镇"。镇域内自然环境优越，区位优势显著，基础设施健全，旅游资源丰富，产业基础良好。

2. 产业发展

龙王镇是襄阳市粮食生产大镇、农业重镇，粮食产业为龙王镇主导产业。同时利用境内丰富的自然资源和丘陵地貌特征，发展特色种植业、养殖业和休闲观光农业，助推经济发展。

龙王镇已连续三年被襄阳市委、市政府授予"全市粮食生产先进乡镇"。全镇夏粮面积23万亩，其中小麦22万亩（其中优质强筋小麦占总数的80%，主要有华麦1168、西农979、襄麦系列等品种），总产近0.9亿公斤，位居襄州区前列；秋粮面积25万亩，其中水稻15万亩（其中优质水稻12万亩以上，主要有黄华占、湘晚籼13、鄂香2号、甬优4949、C两优华占、晶两优534及黑、白功能稻等品种，主要分布在龙王镇赵集片区、白集片区、龙王片区以及符庄村、松树坡村、肖刘村、庙坡村），总产约0.9亿公斤；玉米7万亩，总产约0.28亿公斤。立足粮食生产，龙王镇进一步拓展产业链，发展"稻虾共作"产业和秸秆编草绳产业。"稻虾共作"万亩示范基地项目总投资3亿元，建成2万亩"稻虾共作"高标准农田（图4-31），创建400多个养殖单元，并配套建设水稻育秧工厂、虾种选育基地、生产用房等设施，农业产业呈现集群发展。全镇现有省市级龙头企业5家，已在工商部门登记注册农村专业合作社113家、家庭农场43户。全镇依托农业专业合作社、家庭农场推广优质稻，促进水稻品种迅速更新，推进水稻机耕、机种、机收一体化。

2020年即使在新型冠状病毒肺炎疫情影响下，龙王镇小龙虾仍然获得丰收（图4-32），亩产量平均在250公斤左右。华山公司通过电商平台、冷冻物流等方式，快速将小龙虾销往全国各地，不但加快了小龙虾的销售，还提高了小龙虾的价格，平均亩产值在7000元左右。"虾稻共作"，在收获小龙虾的同时，也提高了水稻品质和价值。2021年虾香稻长势良好，昊源粮油、金立丰等公司对2万亩虾香稻收购价格为每公斤3.6元，比常规稻每公斤高1元，亩增加收入500元，稻谷亩产值在1800元左右。

图 4-31　龙湾镇千顷"稻虾共作"田

图 4-32　农户收虾

3. 联农带农

2020年"稻虾共作"取得了良好的经济效益和社会效益：亩均产值7000元左右，全镇"稻虾共作"总产值约2.1亿元；全镇146户农户通过"返租倒包"286个虾池实现致富，"稻虾共作"带动当地村民就业482人，精准扶贫户89人就业增收脱贫。

（1）入股分红机制

围绕农业农村经济，镇政府引导合作社、家庭农场与小农户建立了紧密的利益联结机制。支持企业以资金、技术入股，农户以土地、机械、劳动力折价入股，所得收益按入股比例分红，形成"风险共担、利益共享、功能互补"的利益共同体，实现了企业与农户捆绑发展，共同受益。例如，禾嘉鑫专业合作社通过"保底合作，利益分红"的方式，鼓励农民将土地入股，在前王村、后王村兴建示范基地4400亩。同时对优质稻种植农户采取"基地+农户+合作社"的模式，由合作社为入股农户统一提供种子、化肥，统一育秧、插秧，统一收割、旋耕，所需费用待粮食收购后统一扣除。每年两次分红，合作社为社员提供农机作业服务，规范作业价格，让社员自主经营，收取营业收入的10%作为公益金，年底再从总收入中拿出60%按社员入股大小进行分红。该模式使社员真正形成以利益为连接体，做到共同经营、共同收益、共担风险，凸显了合作社统分结合的优势，又增加了社员的收入，调动了社员入股的积极性。

（2）订单生产机制

引导龙头企业在平等互利基础上，大力开展"公司+合作社+基地"运营模式，与农户或新型农民经营体签订农产品购销合同，合理确定收购底价和产品质量，形成定向供销关系。与茅台、鲁花等大企业开展订单农业，确保农产品销量与质量。例如，昊源粮油有限公司探索"四合一"的模式："合作社+社员+公司+基地"，合作社与昊源粮油有限公司合作，公司作为合作社的成员之一，这样合作社就充分利用了公司对稻谷精深加工的优势，由合作社统一高价收购社员的优质稻，然后统一销售给昊源公司，既保证了优质稻种植社员和农户增产增收，又保证了昊源公司原粮的质量和数量，很好地形成了合作社、社员、公司和基地农户互利共赢的好局面。截至2021年，合作社共收购社员和农户的优质稻、香稻2500多万公斤，以每吨高于市场价200元至300元计算，年内优质稻种植社员和农户共增收687多万元。

（3）土地托管服务

以全托或代工模式，改变农民种地难、管理难、收获难、晾晒难、卖粮难的局面。如鑫美农机械化种植专业合作社在孙庙村建设"土地托管中心"，合作社成立了机耕服务队、机插服务队、育苗服务队、机收服务队、机防服务队，对移民点260亩托管土地的耕地、整田、育秧、插秧、大田管理全场实行机械化一条龙服务。同时在杨湾村采取农户带地入股的形式，兴建优质稻示范基地5700亩。通过托管、半托管模式，采取菜单式服务形式，将小农户有机地融入到现代大农业生产中。合作社围绕农业产业化深挖潜力，实行产、管、供、销一体化运作，形成链条，滚动发展。

（4）"反租倒包"机制

华山公司通过采取"流转整治，反租倒包，统分结合"，注重企业、农户、集体三方利益协调、互动、共赢的模式和机制，以标准化单元，统一整治基地、统一种养标准、统一供应生产资料和种子种苗、统一生产管理和机械化服务、统一收购产品、统一产品品牌"六统一"经营管理模式，既有产中全程机械化服务和专业指导，又有产后直接与工业龙头企业的紧密对接，使劳动强度和经营风险大大降低，经营收入显著提高。

（5）产业联动机制

立足农业生产大镇和粮油资源优势，依托加工企业的生产订单，搭建强强联手和抱团发展的合作机制，实现资源互补共享，促进农业产业链延伸发展，既节约了加工企业的生产、运输成本，又提高了农产品附加值，降低了农业市场风险。龙王镇闫营村是"凤凰咀古文化遗址"所在地，新316国道穿境而过，地势平缓，很适合大面积种植观赏性农作物。油菜既是本地主要油用作物，也是春季踏青赏花的主要观赏植物，利用闫营村土地资源打造一片油菜花海，既可对接襄阳鲁花油厂的油菜籽生产订单，满足襄阳鲁花油厂原料需求，又可通过举办"凤凰咀油菜花节"向广大市民推介襄州凤凰咀旅游资源，可谓一举多得。

4. 亮点经验

（1）产业融合带动

龙王镇结合本地实际，超前谋划，高端定位，紧扣建设"现代农业特色示范镇、休闲宜居生态旅游镇"两大奋斗目标，规划设计了"龙王镇生态粮油食品暨机械加工园区"，总规划面积1万亩，延伸农业产业链，做大做强农产品加工业。发展现代产业、现代项目、现代产品、现代服务，促进粮油生产与农产品加工业、旅游休闲相结合，构建种养有机结合，生产、加工、收储、物流、销售一条龙的农业全产业链，挖掘农业生态价值、休闲价值、文化价值，推动农业产业链、供应链、价值链重构和演化升级，将龙王镇打造成为一二三产业相互渗透、交叉重组的融合发展区。龙王镇以红水河金龙家庭农场为依托，发展了廖湾村林果经济园、松树坡台湾樱花观赏园、红水家园樱花基地；以闽升特种水产养殖公司为依托，在符庄村发展对虾养殖基地300亩；以凤凰咀文化遗址发掘为依托，带动316国道沿线村组发展文化旅游业；以金立丰农业合作社为载体，在闫营村流转220亩耕地种植高油酸花生，形成鲁花花生种植基地，流转闫营村稻田种植双低油菜①，打造油菜花观赏节。

（2）品牌建设有力

近年来，龙王镇始终坚持"农业兴镇、工业强镇、旅游富镇、文化立镇"的发展模式，充分利用当地种植、养殖、加工、旅游等资源，顺势而为，牢固树立品牌意识，积极创建龙王镇农产品品牌。一是积极打造优质稻品牌，走绿色、健康、无公害、有机农产品之路。2012年成功申报全国第一批"一村一品"优质稻专业镇，2017年又申报了全国第二批"一村一品"优质稻专业镇，2020年获得"十亿元镇"称号。

---

① 双低油菜指菜油中芥酸含量低于3%，菜饼中硫代葡萄糖苷含量低于30微摩尔/克的油菜品种。

2011年11月，第八届中国武汉农业博览会上，龙王镇优质稻加工龙头企业襄阳昊源阳光农业有限公司的"昊宇"牌香米获得"特色农产品"称号，2017年昊源阳光成功注册了"门哥虾香米"。做好优质稻的同时，龙王镇杨湾水稻专业合作社在1万亩种植基地上种植功能稻，2018年注册了国家商标"水车杨家"。二是打造特色水果品牌"健梨爽"龙王雪梨。龙王镇土地肥沃，水质清澈，气候适宜雪梨种植，龙王雪梨个大皮薄、核小、水分少、蜜汁高，包装后销往全国各地。为提高龙王雪梨的附加值，拉长产业链，打好季节差，襄阳甘露东生饮品公司进行雪梨饮品加工，注册了"健梨爽"商标。三是打造特色养殖品牌。建成湖北最大的单体虾养殖基地，填补全省淡水海虾养殖技术空白。已形成养殖、熟食加工完善的产业体系，注册"襄阳对虾"商标，从而打造闽升公司南美白对虾品牌。依托龙王大白鹅长岗养鹅基地，龙王镇打造"龙王大白鹅"品牌。"龙王烧鹅"于2017年获得"知味襄阳特色菜金奖"，2018年获得"国家特色菜金奖"。

（3）带农机制创新

龙王镇围绕农业农村经济，引导合作社、家庭农场与小农户建立紧密的利益联结机制。一是建立入股分红机制；二是在"公司+合作社+基地"运营模式下大力开展订单生产（合作社的农机装备如图4-33所示）；三是土地托管服务，以全托或代工模式改变农民种地难、管理难、收获难、晾晒难、卖粮难的局面；四是"反租倒包"，注重企业、农户、集体三方利益协调、互动、共赢；五是产业联动，立足龙王镇是农业生产大镇及其粮油资源优势，依托相关加工企业进行订单生产，强强联手抱团发展，从而实现资源互补共享，促进农业产业链延伸发展。

（1）烘干脱粒机

（2）收割机

图4-33　龙湾镇水稻种植合作社大型农机装备

（4）技术支撑强大

龙王镇政府十分注重产学研技术合作，与襄阳市农业委员会、襄州区农业农村局始终保持着良好的技术合作关系，并积极帮助企业对接各大科研院校和专家教授。例如，襄阳昊源粮油有限公司优质稻加工采用国粮武汉科学研究设计院有限公司承担研制开发的低温升碾米技术及装备和大米真空包装机，具有创新性和先进性。低温升碾米新工艺比常规碾米工艺温升低5℃，碎米率降低2%。华山集团公司整合科技资源优势培训复合型技术人才，每年举办"稻虾共作"培训班4期，达到农业专业技术免费全覆盖。通过与高校合作，聘请大专院校的高级水产人才为顾问，采取现场培训、专题讲座、实地指导等多种形式开展技术培训。

（十三）蔬菜长廊通小康
——湖北省咸宁市嘉鱼县潘家湾镇蔬菜产业

湖北省潘家湾镇改变种植、灌溉模式，形成由点及面、遍地开花的"两瓜两菜"蔬菜产业格局，使蔬菜产业实现凤凰涅槃后浴火重生般的强劲发展态势。

1. 基本情况

潘家湾镇属湖北省咸宁市嘉鱼县，位于长江中游南岸，地处武嘉、咸潘公路交汇处，南距嘉鱼县城21公里，北距武汉市区56公里，武嘉一级公路贯穿全境，东距咸宁火车站、京珠高速20公里；西靠长江5000吨级深水码头，与荆州洪湖隔江相望，水陆交通十分便利。全镇面积169平方公里，总人口6万人。

潘家湾镇地处平原地带，大体呈现"四平一水三分田，两分道路和庄园"的格局。土地肥沃，灌溉方便。过去一直以种植粮棉为主，传统的种植方式使农民收入并不高，形成年年增产年年穷的境况。穷则思变，如何点土成金？1983—1990年陆续有一些农户开始尝试引进甘蓝种植，实现了增收。随着蔬菜市场的不断开拓及市场存在需求，菜农们在1990年后引进种植大白菜，1994年引进种植冬瓜和南瓜，当年全镇"两瓜两菜"种植面积达到2万多亩。在此以后"两瓜两菜"全镇蔬菜板块格局和种植模式基本形成。

蔬菜产业是潘家湾镇支柱产业，也是潘家湾镇特色产业。按照"一村一品"的产业布局，全镇已发展蔬菜专业村7个，目前潘家湾镇年产蔬菜60万吨，年产值4.5亿元，全镇农民人均纯收入2.3万余元，其中76%来自蔬菜产业。主要蔬菜品种"两瓜两菜"畅销全国二十多个省（自治区、直辖市），其中甘蓝、大白菜出口到俄罗斯、日本和韩国。

2. 产业发展

近四十年来，潘家湾镇以"两瓜两菜"为核心，大力推进基础设施建设和品牌建设，现已形成蔬菜强镇规模，成功引进蔬菜主推品种27个，推广新技术13项。目前全镇发展蔬菜专业村7个。"两瓜两菜"畅销全国20多个省（自治区、直辖市），有的出口到俄罗斯、日本和韩国，为嘉鱼县蔬菜强县奠定了坚实基础，促进了"北有寿光，南有嘉鱼"蔬菜产业品牌的建设。

潘家湾镇按照"千亩成块、万亩连片"的要求，加大基础设施建设投入力度，先后整合水利、国土、交通等项目资金2.6亿元，完善沟渠路等设施，建成全国露地蔬菜标准园、国家级现代农业设施蔬菜科技示范园、省级绿色蔬菜标准化示范区，使全镇蔬菜生产基地沟沟相通，路路相环，田成方，林成行，旱能灌、涝能排，交通畅通无阻。目前全镇已形成蔬菜产业规模化种植的格局，已发展蔬菜生产专业村7个，形成15公里的蔬菜长廊，连片蔬菜种植达5万亩；建有2万亩优质大路菜基地、1万亩精细菜基地、千亩野生藜蒿基地和千亩水生菜基地；先后新建农业高新科技示范园、蔬菜板块基地等多个科技示范点；建立了农村实用人才培训中心，常年聘请农业专家担任蔬菜技术顾问，每年举办科技培训班10余期，培训农民3000余人次。同时大力发展以无公害蔬菜为品牌的生态农业，优化大路菜，扩大精细菜，发展野生菜，推广了200多个名优蔬菜新品种、30多项无公害蔬菜种植新技术，注册了"联乐牌"无公害蔬菜品牌，9个蔬菜品种获农业农村部绿色食品认证，25个蔬菜产品获得无公害认证，多个蔬菜品种获国家地理标志产品保护。

（1）市场建设情况

潘家湾镇引进民营资本投资4000余万元，在潘家湾镇肖家洲村建设蔬菜交易市场，蔬菜交易市场销售服务集中、信息资源共享，为来往客商提供停车、住宿、洽谈、交易等服务，架设信息沟通的平台。为改变蔬菜上市高峰期南瓜、冬瓜沿路堆放的现状，潘家湾镇政府利用武深高速公路高架桥下闲置土地建设蔬菜及车辆临时停放交易点，彻底解决了困扰了潘家湾镇多年的蔬菜沿路堆放问题。

（2）配套工程建设

潘家湾镇夯实蔬菜产业的配套工程建设，完善冷链物流体系。投资500万元，采用液氨制冷工艺，建设高低温冷库7间、面积2400平方米，年冷藏能力达到1.5万吨。蔬菜冷库的建设保障了蔬菜的长途运输及增值销售，并且可在蔬菜价格波动期间实现"错峰上市"，提升了蔬菜抵御市场风险的能力。

完善信息平台。整合项目资金600万元，建设潘家湾镇蔬菜产供销信息中心，配套完善了供电、供水、排污、消防、绿化和亮化等设施。依托信息中心，对蔬菜交易信息进行监测预警，对蔬菜产销形势及时分析研判，大幅提升蔬菜交易信息服务水平。

(3) 产品认证及品牌建设情况

目前，潘家湾镇获得25个无公害食品认证，9个蔬菜产品获绿色食品认证；成功注册了"联乐""潘湾金润""潘湾鑫农""长江滩"等蔬菜商标，"嘉鱼甘蓝"获国家地理标志产品认证。

(4) 经纪人队伍发展情况

为了拓展农产品销售市场，大力发展蔬菜经纪人队伍，在镇政府倡导和协调下，成立了潘家湾镇蔬菜营销协会，发展蔬菜经纪人1000多人，成立蔬菜专业合作社127个，潘家湾镇蔬菜畅销全国20多个省市，远销日本、韩国、俄罗斯、中国香港、中国台湾及东南亚等国家和地区。

发展订单农业。鼓励种植大户成立蔬菜合作社，在肖家洲村建立豆角基地，与福建省建瓯市客商签订保底价格收购协议，亩均增收1000元左右。

(5) 潘家湾镇农业（有机蔬菜）产供销交易信息中心建设情况

为改善潘家湾镇蔬菜交易市场的服务水平，镇人民政府整合项目投资600万元建设了信息中心。信息中心综合楼面积840.4平方米，值班室、地磅房面积69.07平方米，露天装卸配送中心8000平方米，配套完善了输电、供水、排污、消防、绿化和亮化等设施。

(6) 新品种展示基地建设情况

潘家湾镇采取院企共建模式，由中国工程院方智远院士科技团队、湖北省农业科学院（以下简称湖北省农科院）邱正明专家团队提供技术支撑，打造露地蔬菜新品种、种植新技术展示区，每年引进蔬菜特色新品种开展试验示范和展示，筛选适宜当地种植的蔬菜新品种，共引进试种秋播蔬菜新品种2159个，其中甘蓝新品种1620个、大白菜新品种221个、菜花新品种175个、青花菜新品种137个、其他蔬菜新品种6个。

3. 联农带农

潘家湾镇注重群众联动，健全市场利益联结机制。鼓励农民加入专业组织，发展订单农业，规避市场风险。加强农民科技培训，改变农民生产观念，牢固树立健康蔬菜理念，提高农民种植水平。

蔬菜产业服务体系逐步完善，通过宣传、培训、引导、扶持等方式，以构建集约化、规模化、组织化、专业化、社会化相结合的新型经营主体，大力促进蔬菜产业的发展。吸引一大批蔬菜产业企业前来投资兴业，其中引进湖北金润农业发展有限公司投资4000万元，征地120亩，建成集餐饮、物流、交易、住宿为一体的蔬菜交易市场，搭建蔬菜交易和物流综合性服务平台，年交易量达50万吨；截至2021年，引进的蔬菜企业共投资1000余万元建设1200平方米冷库六栋，新品种展示选育基地120亩，年推广新品种15个以上，推广面积15万亩。"嘉鱼甘蓝""嘉鱼大白菜"等获得国家地理标志产品保护。潘家湾镇年产蔬菜60万吨，年产值4.5亿元，全镇农民人均年纯收入2.3万余元，其中76%来自蔬菜产业。

4. 亮点经验

（1）注重政策支持，推动产业融合发展

近年来，潘家湾镇实施蔬菜强镇战略，通过整合国土、交通、水利、农业综合开发等项目资金，加强设施蔬菜基地道路、沟渠、电力、绿化等配套基础设施建设，累计投入开发资金近2.6亿元。同时，加快设施蔬菜发展，通过引进企业、争取项目、整合资金，使蔬菜产业焕发勃勃生机。

同时，潘家湾镇还制定土地流转激励措施，发展适度规模经营，以利于管理和实现耕作的机械化及生产标准化。制定品牌和包装使用规范，重点打造1～2个公共品牌。对发展蔬菜产业有突出贡献、产生良好效益、具有良好前景的企业进行奖补。

（2）注重主体带动，放大基地示范效应

潘家湾镇抓产品市场建设，提升蔬菜效益，注重品牌打造，注重培育主体带动能力。通过使用权入股、转让、租赁等形式进行土地流转，兴建一批蔬菜基地，以土地使用权入股，以产业新农村为标准，按照"生产在户，服务管理在公司（社）"的全新经营模式，组建蔬菜专业合作社，发展有机蔬菜，探索新型农村合作经济组织模式。在规模化露地蔬菜基地建设方面，以湖北金润农业、湖北蔬联公司为代表，以租赁的形式进行土地流转，开展蔬菜规模化种植，形成3万亩露地蔬菜绿色生产基地。

坚持用工业化理念谋划农业，积极推进农产品品牌创建，全面加强蔬菜品牌的宣传力度。潘家湾镇举办国内大宗蔬菜体系现场观摩会（图4-34）、甘蓝大会等，对本地蔬菜推广宣介起到很好作用。目前，全镇9个蔬菜产品获得农业农村部绿色食品认证，25个蔬菜品种获得无公害食品认证；成功注册了"联乐""潘湾金润""潘湾鑫农""长江滩"等蔬菜商标，"嘉鱼甘蓝"获国家地理标志产品认证，蔬菜产品实现"带证"出门。

图 4-34　潘家湾镇举办国内大宗蔬菜体系现场观摩会

蔬菜产业由最初散兵游勇式的游击战渐渐转变成正规军的集约、规模化发展，形成了蔬菜产业化发展模式，与之相关的产业链逐步形成。以潘家湾镇区为核心，全镇"千亩成块、万亩连片、一镇一色、一村一品"的蔬菜生产发展格局基本形成，实现了蔬菜强镇目标，为"北有寿光，南有嘉鱼"蔬菜品牌建设奠定了坚实基础。潘家湾镇蔬菜种植基地如图4-35所示。

图 4-35　潘家湾镇蔬菜种植基地

（3）注重科技拉动，推广农业"三新"技术

潘家湾镇加大科技种植力度，采取院企共建模式，由中国工程院方智远院士科技团队、湖北省农科院邱正明专家团队提供技术支撑，打造露地蔬菜新品种、种植新技术展示区，每年引进蔬菜特色新品种开展试验示范和展示，筛选适宜本地种植的蔬菜新品种。图4-36所示为专家正在讲解荞麦套种甘蓝技术。

图 4-36　浙江大学刘银泉教授讲解荞麦套种甘蓝技术

（4）注重蔬菜质量，打造蔬菜精品名牌

潘家湾镇围绕"构建大板块，打造大优势"，加强蔬菜板块连接，大力推进标准化生产，着力实施蔬菜新品种"双百工程"，不断调整优化蔬菜品种结构，加快无公害蔬菜质量认证，积极发展蔬菜加工，努力推动嘉鱼县蔬菜向优质、高效、安全、绿色方向发展。在新优品种推广上做到"人无我有，人有我转，人转我优，人优我精"，充分利用时间差、空间差、季节差、地理差，田上加田，地上增地，提高土地利用率。基地实现"规模化种植，标准化生产，商品化处理，品种化销售，产业化经营"的"五化"管理。

狠抓蔬菜质量建设，保障蔬菜品质。把好"两减"关，大力推广有机肥、生物农药等"减肥减药"生态循环模式和绿色防控新技术，通过安装固定太阳能频振杀虫灯、悬挂黄粘板、使用性诱剂及生物导弹等措施，大大降低了农药和化肥的使用。把好质量检测关，打造镇、村、农户"三位一体"质量安全监管网络。建设农产品检测中心，执行蔬菜质量安全监测检测周报制度，从种植、采收、贮存到销售进行全程质量跟踪检测，每年检测蔬菜等农产品2000多批次，合格率均达到100%。

逐步改变当前蔬菜商标注册多而杂、小而广、品牌建设各自为政的现状，丰富品牌内涵，以高质量的产品扩大市场份额。同时加大宣传力度，利用政府推介、高规格专业会议、媒体宣传等形式扩大嘉鱼蔬菜品牌知名度，增强市场竞争力，引导蔬菜销售由数量、价格竞争向品牌竞争转变，实现其商品价值，提高品牌效益。

（十四）接天莲叶无穷碧
——湖南省湘潭市湘潭县花石镇湘莲产业

湖南花石镇盛产"湘莲"，那"接天莲叶无穷碧"的美景为农民带来"映日荷花"一般的红火新生活。

1. 基本情况

花石镇位于湖南省湘潭市湘潭县西南部，衡峰远峙，涓水穿流，扼潭衡要冲。属中亚热带东部季风湿润气候区，年平均日照总时数1700左右，年平均气温17℃，年平均雨量1350毫米，雨量主要集中在4—7月份，日降雨量最大为200毫米，是暴雨较多、雨量较丰富的区域。境内属典型湘中丘陵地带，地势西高东低、南高北低，东南丘陵起伏，西北、东北地势较平坦。境内有潭花公路、花岭公路、韶茶干线穿境而过，距离潭衡高速回龙桥出口1公里，距南岳旅游胜地30公里，商贸活跃，交通便利，畅达四方。花石镇南界茶恩寺，北抵射埠，东至紫荆山，西连排头，镇域总面积201.25平方公里，其中镇区面积4.2平方公里；全镇辖31个行政村1个社区，总人口9.3万人，其中城镇人口2.2万人。

花石镇是湘潭县南部的物资吞吐枢纽，现已成为全国最大的湘莲生产基地（图4-37）和莲子贸易集散中心。"花石湘莲市场"是全国规模最大的湘莲加工贸易专业市场，全镇常年种植湘莲面积2万余亩，拥有面积400亩的莲中之皇"中国寸三莲原种场"。

近几年，先后获评"全国重点镇""全国特色小镇""中国湘莲之乡""国家级农业产业强镇""湖南省农业特色小镇""湖南省最具民生幸福感乡镇""湘潭市十大魅力乡镇"等诸多荣誉称号。

2. 产业发展

千年花石古镇人文底蕴深厚，自然风景秀丽，湘莲产业独特，有"天下莲都"的盛誉。花石镇通过企业提供技术、生产资料、销售等服务形成了"企业+合作社+农户"的新型生产经营模式，创新了农村经营体制，使农村家庭经营迸发出新的活力。

早在2005年，花石镇就建立了湘莲集散中心——中国花石湘莲市场（图4-38）；以花石地区为中心建立起湘莲粗加工中心；在广州、上海、北京、武汉等地设立销售窗口26个；引导湘莲深加工企业注册商标，办理了产地产品、绿色食品认证等。

图 4-37　万亩湘莲基地

图 4-38　花石湘莲市场

近年来，花石镇积极谋划推进和强化产业发展，着力培育"产业支撑有力、文化内涵丰富、生态环境良好"的产业融合、城乡融合新平台，实现镇域经济提档升级。坚持高质量发展要求，合理规划统筹，强化优化项目，加大引资力度，稳步推动以湘莲为主的特色优势产业发展。2021年1—7月，花石镇完成固定资产投入4亿元，实现财税收入1140万元，完成全年任务数的65.22%；实现主导产业产值35.88亿，占全镇总产值99.7%。

目前，花石镇共有湘莲生产基地2.4万亩，湘莲行业规模企业11家，其中市级农业产业化龙头企业5家，省级农业产业化龙头企业1家，带动湘莲相关从业人员2万余人，年产值达31.17亿元，年均创税1000万元。

3. 联农带农

花石镇为使湘莲产业真正给农民带来效益，达到共同富裕，着力在新型经营主体建设上下功夫，强化利益联结。构建"企业+合作社+农户"模式，使农民享受到产业发展的红利，涉莲农户人均增收3000元。2020年花石镇农村居民人均可支配收入超过2.31万元。

（1）提高农民组织化

建立合作社，采用"企业+合作社+农户"模式，由龙头企业提供技术、生产资料、销售等服务；扩大家庭生产规模，使农村家庭经营迸发出新的活力；搭建农村"双创"孵化平台，完善农户、企业及科研服务机构间的协同协作机制，让农民更多分享涉农二三产业增值收益。

（2）促进技术推广

龙头企业为农民提供新品种、新技术，并用高于市场价10%的现款支付形式收购合作社产品；合作社成为科研院所先进技术及产品的推广平台，方便广大种植户学技术、种新品。

（3）规模提高效益

合作社的统一采购、统一销售可有效降低生产成本、提高产品价格，避免恶性竞争。龙头企业提供产前、产中、产后系列化服务，解决了农民后顾之忧。

4. 亮点经验

（1）以规划为前提下好先手棋

花石镇着眼于打造高起点、高标准、高规格建设特色小镇，早在2016年就启动了《湘潭县花石镇总体规划（2016—2030）》，为花石镇的长远发展做好顶层设计。2020年，经过5年实施后，花石镇又做了进一步工作，明确了以"莲文化"与"佛文化"结合为主线，以湘莲种植加工销售产业、原生态资源（花石水库、十八罗汉山等）、古镇文化为构架，以自然观光、文化体验、生态度假为功能，打造具有浓郁湘莲地域文化特色小镇的发展思路。

2020年湘潭县人民政府办公室印发了《湘潭县推进湘莲产业发展的意见》，提出全力支持湘莲产业发展的九大措施，明确将立足于打造国家级农业强镇和国家级现代农业示范园核心区这一目标，推进花石湘莲特色小镇建设。花石镇抓住机遇，积极响应，配合县项目指挥部及农业农村局、发展和改革局，共同编制了《湘潭县花石镇产业强镇项目实施方案》。同时修改完善《湘莲产业发展规划》，进一步优化城镇空间布局、功能布局和产业布局。

花石镇依托"全国乡村特色产业十亿元镇""全国重点镇""国家级农业产业强镇""湖南省首批十大农业特色小镇"等荣誉，对标县域次中心的发展定位，以湘潭县花石湘莲特色小镇建设为抓手，以湘莲协会、湘莲产业园、湘莲产业集团公司为平台，明确湘莲特色产业规划地位，全面部署，充分利用农业资源和生态环境优势统筹推进湘莲特色产业发展。

（2）以项目为核心打出优势牌

《湘潭县花石镇产业强镇项目实施方案》确定了围绕湘莲种植、加工、技术培训、仓储物流、湘莲文化及公共品牌建设等覆盖全产业链的一系列项目，从整体上推动湘莲产业的发展，延伸湘莲产业链条，以创造更大的社会经济效益。

完善产业全链条，整合产业资源。为将湘莲产业提档升级，花石镇启动了湘莲产业园项目，致力打造出一个集湘莲精深加工、仓储、物流、电子商务、研发为一体的现代化产业园区。一期已建设了周转量为5万吨级的冷链仓储系统，解决了湘莲产品冷链仓储难的问题；已吸引20余家上下游企业入驻，包括原材料厂、粗加工厂、精深加工厂、物流运输公司等，形成了一定产业集聚效应。

提升产品竞争力，打造产业名片。花石镇从产业品种和销售模式两方面凸显花石镇的特色：一是培育"寸三莲"特色品种。"寸三莲"以其独特的口感和丰富的营养价值成为湘莲中的"佼佼者"。花石镇建设了400亩"寸三莲"原种场，不仅通过单株繁育、不断精选和提纯复壮，有效控制了品种退化问题，达到了99%的原种纯度标准，还成功培育出新品种"寸三莲一号"，进一步提升了良种繁育能力。目前"寸三莲"原种场每年为莲农提供优质种藕40万支，可种植2500亩以上大田，亩增收2400元，可为莲农增收共600万元。二是保证产品质量。花石镇龙头企业与合作社签订了生产合同，合作社根据合作条款要求社员按照产品的技术标准和生产技术规程组织生产，湘莲无公害标准化生产很快得到实现，并逐步建成无公害或绿色商品生产基地，保证了湘莲产品的高品质。三是构建"互联网+"销售模式。花石镇通过采取行政推动、宣传发动、培训促动，大力发展"互联网+"销售模式，联合企业开展网络带货培训，建成了独具特色的湘莲电商平台。在"湘莲之乡·荷你有约"第六届荷花艺术节上，花石镇以镇长直播带货等方式实现了网购平台年销售额达2.4亿元的业绩，打破了传统销售模式瓶颈。在"一花一石总关情"第七届湘莲艺术节上，"网红"直播带货技能比赛吸引大批主播齐聚花石为湘莲代言，共完成交易2883笔，交易额达47万元。

树立文化风向标，实现产业融合。花石镇充分依托山水塑形、绿韵作裳，依靠万亩湘莲基地等独特的农业风光，结合汉城桥、观政桥、龙口老街等人文历史古迹，以湘莲文化作为底色和基调进行系统的文化包装，实施大文化战略。花石镇以湘莲文化为魂，将镇域内山、水、花串联起来形成"赏荷之旅"暨"湘莲·湘潭特色产品展"系列活动，使花石镇成为长沙、株洲、湘潭三地夏季旅游和中南地区赏荷的火爆地点。通过举办"赏荷之旅""大美花石"全域旅游体验年等系列活动，创造旅游综合收入4500万元，帮助农户销售农产品70余万件，带动增收3500余万元。2021年新建了荷风园，种植名贵花莲近2000支，以供游客观赏。

（3）以投资为动力激活一池水

花石镇不断拓展招商引资方式，厚植发展潜力，助力产业发展。一方面，吸引企业、资源、项目驻进来。花石镇在积极培育本地新型经营主体的同时，引进外部植入型新型农业经营主体，支持龙头企业引导产品研发，进行莲蓉、莲子粉、藕粉、莲子酒精等深加工，发挥现代企业的引领示范作用，带动本土传统企业实现提质增效升级。目前湘莲镇升级改造加工生产线3条，培育、引进湘莲行业规模企业11家（其中市级农业产业化龙头企业5家，省级农业产业化龙头企业2家），年产值达27.1亿元，三年累计创税2200万元，所生产的产品远销韩国、东南亚、欧美、澳大利亚等10多个国家和地区。另一方面，鼓励企业、品牌、产品走出去。花石镇先后组织7家企业参加"湘品入沪"展销活动，引导湘莲等特色产品进驻上海展销会；组织9家企业参加"中国食品餐饮博览会"；2019年，利用北京世界园艺博览会"湖南日"、小镇中国发展大会等推介契机，加大对花石品牌的宣传，打出了湘莲产品的名气。

(十五)"李植"气壮

——广东省茂名市信宜市钱排镇三华李产业

广东钱排镇依靠自然禀赋,大力发展三华李种植,带领农民致富,底气足,胆气壮。

1. 基本情况

钱排镇地处广东省茂名市信宜市东北部,距市区44公里,东与平塘镇、合水镇两镇交界,南与高州市马贵镇接壤,西与大成镇、白石镇两镇毗邻,北同洪冠镇相连。下辖15个村委会和1个居委会,总人口7.3万人,全镇总面积205平方公里。全镇平均海拔500米以上,年平均气温18℃。钱排镇是粤西地区著名的旅游名镇,是三华李种植基地,其三华李在省内种植面积、产量、质量、效益均排前列。钱排镇先后获得"全国'一村一品'示范村镇""国家农业产业强镇""广东省宜居示范城镇""广东历史文化名镇""广东省森林小镇""广东十佳最美果园"等荣誉称号。

2. 产业发展

钱排镇从20世纪70年代开始种植三华李,因气候适宜再经过品种不断优化,形成钱排三华李肉色深红、气味芳香、肉质松脆、果味清甜的特色,其果型、色泽、味道均优于其他三华李,有"李中之王"的美誉。钱排镇因其丰富的山地资源和独特的冷寒气候,是三华李的较佳生产区域,建有多个国家、省级和市级标准化生产基地。目前生产规模约10.2万亩,2019年全镇三华李产业全链产值约20.5亿元。

钱排三华李独具特色,它的表皮有一层具有保鲜作用的粉状白霉,是钱排三华李特有的标志。因此,钱排镇为其注册"银妃"商标。近年来,全镇逐渐形成了以"银妃"三华李为主业,以大芥菜、蕉芋粉等为副产的特色产业群,经济效益日益明显,"一镇一业"的产业格局日趋成熟。

3. 联农带农

钱排镇"枝头李花更鲜艳，乡村旅游更红火"为的是"人民生活更美好"。从生产上，镇里统一开展品种改良，并将优质果苗免费向果农派送；成立培训中心，请来专家授课，帮助果农提高种植技术。从经营主体培育上，发展农民专业合作社、家庭农场，进行科学化管理、合作化服务、产业化经营，带领广大果农共同致富。在多产业融合上，鼓励村民开展休闲采摘旅游，举办"李花节""品果节"，政府搭台，农民唱戏。从产品销售上，政府投入网络站点建设，建立物流体系，开展电商技能培训等。钱排镇努力从各个方面帮助农民多渠道增收，实现富民强镇。

4. 亮点经验

（1）注重科技，提品质

一是提高品种品质。钱排镇利用梭垌村优质三华李品种嫁接培育李苗，建立大型优质三华李苗圃场，从资金和技术上对低产果园品种进行改良，优化品种结构。2005年以来，投入品种改良和推广种植资金6500余万元，免费向群众派送优质果苗100万株，扩大了全镇优质三华李种植面积，为全镇规模化种植、产业化经营打下了坚实的基础。三华李获得2017年中国园艺学会李杏分会"全国优质李"金奖（图3-39）。

二是提高种植技术。以省、市级农业农村部门专家为依托，以镇、村级技术员为骨干，以村种植致富能手为支持点，构建强大的技术培训和服务网络体系。建立了三华李管理技术培训中心，在村里设立三华李技术培训点，农技人员长期挂村挂点开展科技推广。此外，邀请张业光博士等省、市农业技术专家前来授课，累计举办种植技术培训320多场次，培训技术骨干5.3万人次，为全镇三华李高品质生产打下良好基础。同时，成立三华李产业中心，加强对产前、产中、产后的技术指导，加大对流通市场的农残检测，确保农产品质量安全监管有力有效。

三是探索产品深加工。2009年，钱排镇与华南农业大学深入开展产学研科技合作，成功研发了三华李红酒。2016年年末，引资成立中国首家以三华李为主要原料的深加工企业——信宜市龙昱三华李发展有限公司，建起占地1000多平方米的厂

图4-39 三华李获得2017年中国园艺学会李杏分会"全国优质李"金奖

图4-40 三华李深加工产品（三华李果酒、果汁、果脯）

房，生产全发酵红酒、三华李果脯类休闲绿色食品等产品（图4-40）；每年可使用三华李500多吨，年产三华李红酒100多吨，年产值1100万元，创税200多万元。

（2）多种经营，增效益

一是产业化经营。按照产供销一条龙的运作模式，做强市场主体，做优产品质量，探索一条依靠科学化管理、合作化服务、产业化经营、广大果农共同发展的新道路。目前三华李农民专业合作社发展到51家，其中国家级农民专业合作社示范社2个、省级农民专业合作社示范社1个；培育家庭农场651个，其中县级示范家庭农场2个。通过运用科技示范户和种植大户的"能人效应""示范效应"，提高农民的科技意识、群体意识，增强抵御自然灾害和市场风险的能力。

二是行业自律。为规范行业行为，推动钱排三华李产业健康可持续发展，2020年，在钱排镇政府的引导协调下，信宜市汇果农业发展有限公司、信宜市快快达物流有限公司、信宜市龙昱三华李发展有限公司等9家企业发起成立了信宜市钱排三华李产业协会。协会成立全镇总会，设置各村分会，分会受总会的领导和管理。协会的成立，一方面可保证品质，在标准化生产、销售分级、产前产中产后溯源服务、产销监管、食品安全等方面制度化；另一方面规范销售，避免恶性竞争，统一产品分级，保证售价，维护自身利益。

三是农旅结合。钱排镇按照"生态引领、农旅结合"发展理念，围绕三华李花、果两季"唱花歌""摆果台"，精心打造"春赏花、夏品果、秋观叶、冬休闲，四季曲不断"的旅游品牌，连续举办9届"李花节"和10届"品果节"，以花果为媒、以节庆会友，使特色产业与旅游产业两相兴旺、相得益彰。每年到钱排镇休闲观光的游客达100万人次，餐饮、旅业、交通等第三产业收入年均达9000万元。

四是发展电商。钱排镇积极支持电商网络站点建设，为电商创业提供平台和指导。整合邮政、顺丰等快递物流企业资源，建立完善的县-镇-村三级物流配送体系。成立钱排镇信息化与电子商务协会，加强对电商会员的培训和服务；通过高州农校和信宜电商协会，面向农民专业合作社和创业青年等群体开展技能培训。目前，钱排镇共有快递代理点300多个，遍布各个村（居）委会，微商电商已发展到1100多家，从业人员达到6000多人。电商的迅猛发展大大促进了钱排三华李销售，提高了村民收益。

（3）打造品牌，拓市场

"银妃"商标的由来，是钱排镇三华李的标志性特征——成熟果实表皮覆盖着一层薄薄的"银粉"，好像美人面容般美丽细润，因此而得名。通过加强"银妃"品牌优质三华李标准化生产，建立起绿色农产品良好信誉。通过成立行业协会，开展行业自律，"户户入会、人人参与、全民爱护"，达到业内共同维护品牌、共同推广品牌的目的。通过设计"银妃"三华李精美包装盒，分金装、精装和简装三类，进一步提升三华李产品的档次，精准对标客户群。通过免费向流通户发放"银妃"商标以及宣传单，提升"银妃"三华李销量和价格。通过举办"李花节""品果节"，以及建立镇政府微信公众号和门户网站同步宣传，进一步打响"银妃"三华李品牌，打造休闲农业、体验采摘、果园观光、生态旅游等李乡名片，为钱排镇三华李进一步拓宽市场打下良好的基础。

（十六）荔枝图序
——广东省湛江市廉江市良垌镇荔枝产业

广东省良垌镇是中国著名的荔枝之乡，是广东省优质荔枝产业大镇，也是粤西地区最大的"妃子笑"荔枝生产基地和出口基地。

1. 基本情况

广东省湛江市廉江市良垌镇总面积269平方公里，全镇辖37个村委会、1个居委会、322个自然村，总人口14.5万人，其中农业人口12.9万人；耕地总面积10.8万亩，农作物播种面积24.57万亩。廉江市良垌镇是中国著名的荔枝之乡，是广东省优质荔枝产业大镇，也是湛江市廉江市第一荔枝产业大镇，还是广东省最大的早熟品种优质荔枝生产基地，更是粤西地区最大的"妃子笑"荔枝生产基地和出口基地。

2. 产业发展

（1）源于野生，成于规模

廉江市良垌镇的荔枝发源于谢鞋山野生荔枝林，荔枝种植的历史悠久，20世纪80年代至今，良垌镇大规模种植荔枝的历史已有30多年。目前，全镇荔枝种植面积10.2万亩，其中当家品种"妃子笑"8万亩，在国内以"妃子笑"荔枝为主导产业的乡镇中种植规模、产量、品质、出口均属前列；种植桂味荔枝1.2万亩；种植鸡嘴荔枝0.8万亩；种植白糖罂荔枝0.2万亩（图4-41）。荔枝年产量超过10万吨，荔枝产业已发展成为良垌镇农业的支柱产业。

（2）种植提质，加工增产

在合作社的积极带动下，目前良垌镇果农已熟练掌握一整套"妃子笑"高产栽培管理技术，全程严格控制化学肥料和农药的投入使用，"妃子笑"果实品质达到国家无公害农产品、绿色食品的技术要求。在荔枝精深加工方面，良垌镇现有2个荔枝干

图 4-41　荔枝生产基地

加工厂,其中良垌日升荔枝专业合作社荔枝烘干工厂的日加工能力为50吨,廉江市兴旺农业发展有限公司荔枝烘干工厂的日加工能力为20吨。

(3) 推动销售,创优品牌

在荔枝销售方面,全镇已建成多个产、供、销一体化服务的荔枝专业合作社及网络电商销售平台。在良垌日升荔枝专业合作社、廉江市兴旺农业发展有限公司、良垌众升果菜专业合作社等众多合作社带领下,全镇参与荔枝收购、加工和流通的人员大约0.8万人,高峰期荔枝日销售量在1000吨以上。2020年,全国出口鲜荔枝18203吨,良垌镇出口鲜荔枝5514.9吨,出口量占全国荔枝出口总量的30.3%。

廉江市良垌镇的"广良红"荔枝获2001年中国农业博览会名优产品奖;该镇日升荔枝专业合作社的"广良牌"荔枝于2005年获国家绿色食品A级认证,2009年获广东省名牌产品称号。2019年5月,廉江市良垌镇成功创建良垌镇荔枝公共品牌"良荔";廉江市良垌镇"妃子笑"2019年荣获广东·东盟农产品博览会最受欢迎农产品奖,2020年入选第三批全国名特优新农产品名录。

3. 联农带农

廉江市良垌镇坚持以农为本,创新发展思路,积极培育新型经营主体,探索完善多种利益联结机制,引导新型经营主体与农民建立紧密、稳定的合作关系,带动农民共享发展成果。目前,廉江市良垌日升荔枝专业合作社、廉江市兴旺农业发展有限公司等主体开展"公司+农户+合作社"的合作模式,在荔枝一二三产融合发展项目上开展合作，通过利益联结机制，带动农民开展荔枝生产加工和销售，增加农民经济收入。目前全镇已有5232户农户加入"公司+农户+合作社"联合经营，占全镇农户总数的16.4%。2020年全镇荔枝产业农民人均可支配收入17774.2元，较全镇农民平均水平提高32.7%。

4. 亮点经验

（1）发挥优势，全力扶持

良垌镇依托荔枝主导产业，加快全产业链建设，支持建设区域化、规模化、标准化、专业化绿色生产基地，扶持发展农产品初加工、精深加工、综合利用产业，投入建设仓储物流体系，创建区域品牌、产品品牌，培育新业态新模式，构建特色鲜明、布局合理、联农紧密的荔枝产业体系，示范引领城乡融合发展。良垌镇把以"妃子笑"为核心的荔枝产业作为全镇全力推进的主导产业、扶贫产业，加大政策扶持力度，科学规划，加速推动良垌荔枝产业发展，取得了显著成效。

（2）科学规划，合理布局

良垌镇在主导产业荔枝产业发展规划上，以《廉江市良垌镇总体规划（2019—2023）》为蓝本，科学规划，合理布局，立足于当地产业优势、区位地理位置、自然气候等现状基础，按照生产、加工、物流、营销、研发、旅游、服务等全产业链条布局思路，使良垌镇形成"一带一心二区六基地"的空间布局，将镇内荔枝产业区域划分为几大功能区：荔枝产业融合发展休闲旅游文化带；荔枝产业发展公共服务中心；妃子笑高质高效生态园核心示范区，荔枝初、精深加工区；荔枝园有机肥替代化肥示范基地、荔枝绿色高效防控技术示范基地、荔枝高质高效水肥一体化示范基地、妃子笑优质荔枝出口产业示范基地、优质荔枝高接换种示范基地、荔枝采后保鲜基地等。

（3）拓展销售，打响品牌

为了创响"良荔"公共品牌，2019—2021年一共举办了三届廉江良垌荔枝品牌推介会，通过政府搭台，企业唱戏，倾力推介良垌荔枝品牌。良垌镇通过实施"乡村振兴，'良荔'同行"品牌推广活动，取得了丰硕的成果。一是活动拓渠道，解决销售难题。推介会的成功举办，让更多的收购商认识了良垌，近年来入驻良垌镇收购荔枝的外地客商越来越多，2021年入驻良垌收购荔枝的外地客商有700多家，比2020年增加了三成。更多外地收购商的进入，有效地帮助广大果农解决了荔枝销售难题，进一步促进了良垌镇荔枝产业链的形成和农产品的系统优化，有力地促进了良垌镇经济、文化等方面的对外交流和贸易往来，实现发展共赢。二是传播全覆盖，宣传强力造势。联动省级媒体平台《南方农村报》，通过"文字报道+直播+视频+海报"等方式开展全媒体宣传，为良垌荔枝品牌赋能。在《南方日报》、"南方+"新闻客户端、《南方都市报》《羊城晚报》、广东电视台、南方网、《南都周刊》等平台进行报道，利用各种海报、H5、创意短视频等融媒体手段，宣传良垌荔枝；聘请专业团队设计良垌荔枝外包装，焕发良垌荔枝品牌新动力，并通过多平台传播，全方位报道，强化产品对外形象宣传。三是荔农提收入，延续"荔枝尊严"。推介会的成功举办，让更多的消费者认可良垌荔枝，据调查，2019年良垌镇"妃子笑"荔枝最低收购价是11.6元/kg，最高收购价是14.4元/kg，平均价格是13.0元/kg，创历史新高；2020年良垌镇"妃子笑"荔枝最低收购价是6.2元/kg，最高收购价是13.0元/kg，平均价格是9.6元/kg；2021年良垌镇"妃子笑"荔枝最高收购价是10.2元/kg，最低收购价是6.2元/kg。图4-42所示为荔枝交易市场场景。第三届廉江良垌荔枝推介会现场邀请叮咚买菜、来富果业、维记严选等17家来自全国各地的知名采购商，仅活动当天，意向采购金额就达2500万元。由于政府部门提前谋划、措施得当，系列营销举措助力良垌荔枝销售飘红，荔农收益合乎或高于预期，实现了增收致富的目的，进一步让果农的"荔枝尊严"可持续。四是产业得发展，擦亮"良荔"招牌。连续三年举办荔枝品牌推介会，使营商环境不断优化，提高了良垌镇"良荔"区域公用品牌的知名度和美誉度，也促使良垌镇荔农和合作社不断努力，改良品种，改进种植技术，提高管理水平，加快推进良垌荔枝产业转型升级，推动良垌荔枝产业向高质量发展，推动良垌荔枝从"小特产"做成"大产业"。

图 4-42　荔枝交易火爆

（十七）舌尖上的腊味

——广东省中山市黄圃镇腊味产业

广东省黄圃镇是广式腊味发源地，其独特的味道是很多人舌尖上的记忆和享受。黄圃镇继承悠久历史，发挥加工优势，发展成为全国最大的"广式腊味"生产加工专业基地。

1. 基本情况

黄圃镇位于伟人孙中山先生的故里——广东省中山市的最北部，西北与佛山市顺德区接壤，东北与广州市番禺区隔河相望，居珠江三角洲中部都市圈发展中心板块，与广州、深圳、珠海、佛山、东莞、江门、香港、澳门同处1小时交通圈内。全镇面积88平方公里，户籍人口8.3万人，外来人口8万多，辖12个村民委员会和4个社区居委会。黄圃镇是广东省中山市北部的政治、经济、文化中心和珠江三角洲的重要商贸城镇，入选"中国历史文化名镇"和"2019年度全国综合实力千强镇"。黄圃镇是广式腊味发源地，荣获"中国腊味食品名镇""全国'一村一品'示范村镇""全国农业产业强镇（腊味产业）""全国首个中国食品工业示范基地""全国农产品加工创业基地""广东省农副产品深加工专业镇技术创新试点""广东省产业集群升级示范区""中山市工业强镇""中山市经济强镇""中山市旅游特色镇"等多个称号。2020年黄圃镇全镇实现地区生产总值105.6亿元，规模以上工业增加值62.75亿元，固定资产投资40.09亿元，税收收入19.26亿元。

2. 产业发展

（1）发扬传统，团结合作

黄圃镇是广式腊味的发源地。清朝光绪年间（1868），黄圃人王洪一次偶然操作，将卖粥剩下的肉料切成细粒状填塞到猪肠衣内，悬挂于烧猪炉内烘干，食之风味独特。至清末民初期间，黄圃人已大批前往省城广州一带，以及香港、澳门、海南、广西梧州、湖南衡阳、郴州等地生产腊味。如今，黄圃镇将腊味作为全镇最主要的农业主导产业。同时，黄圃镇又是中山市的加工业重镇，产业体系齐全。因此，二者结合，使以腊味为代表的农产品加工业得以迅速发展壮大。

（2）整合资源，拓展品类

全镇积极整合资源，规划建设了用地近万亩的中国食品工业示范基地，引导企业入园生产经营，形成较为齐全的农副食品加工、生产体系，推动产业向品牌经济、产业集群经济发展，现已发展为全国最大的"广式腊味"生产加工专业基地。

目前黄圃镇年产腊味20多万吨，创造产值超30亿元。黄圃腊味已由原来单一的腊肠品种发展到60多个系列品种，产品在国内同类产品市场占有率连续多年位居前列，产品销售量占国内市场的50%，是全国名副其实的"腊味名镇"。黄圃镇的腊味厂企及配套产品企业有200余家，年销售收入超500万元以上规模企业36家，广东省重点农业龙头企业（腊味类）2家，中山市农业龙头企业（腊味类）9家，高新技术企业1家。图4-43、图4-44所示为腊肠、腊肉制作场景。

图 4-43　腊肠制作

图 4-44　腊肉制作

3. 联农带农

黄圃镇是广东省人民政府批准的首批工业卫星镇之一，被广东省科技厅确定为广东省农产品深加工专业镇技术创新试点。近年来，黄圃镇扎实推进乡村振兴战略，加快现代农业发展。结合本镇发展实际，大力发展以腊味为代表的食品特色产业，积极推动农副产品加工，以实现农业发展、农民致富的目标。通过抓龙头带动、产业联动、科技驱动、政策推动，使全镇农副产品加工业逐步形成产业链条，具备了一定发展规模，并形成以腊味为主导产业，干果饮料、水产品加工等五大行业共同发展的农产品加工产业结构。

为服务和扶持行业发展，提高整个农产品加工业发展水平，提高全镇农产品市场竞争力，黄圃镇在原有黄圃烧腊商会基础上，成立了黄圃镇烧腊食品商会，现已发展会员250多名，协调各企业、种养大户产销关系，加强企业间信息交流和行业自律，推动区域品牌的宣传和加强卫生质量监督，全面提升了黄圃腊味产品的卫生质量水平，确保了腊味从业人员的收益。

4. 亮点经验

（1）合理规划布局

黄圃镇编制《中山市黄圃镇总体规划（2015—2020）修编》，提出加强制造强镇建设，发挥"黄圃腊味"国家地理标志产品品牌效应，鼓励符合质量标准的腊味企业使用标志，壮大"地理标志产品"生产企业群体。同时，深挖文化产业潜力，充分整合历史文化街区、腊味文化馆、黄圃公园、海蚀遗址公园等重要旅游资源，打造一批特色突出的文化旅游景点，以统筹发展文化旅游业和现代休闲农业。

（2）规范行业标准

黄圃腊味产业发展初期，加工厂数量多，质量参差不齐。2005年开始，中山市质监部门与镇政府、商会三方携手，统一制定各种腊肉、腊肠等黄圃腊味联盟标准体系，规范腊味企业的生产工艺和产品质量指标，推进腊味产业集群的形成、发展和壮大。在政府的推动下，新设备、新技术得到广泛应用。黄圃镇腊味整治行动增强了企业的质量意识，带领全镇腊味产业实现跨越发展。

（3）建立产业体系

黄圃腊味产品是指以鲜（冻）畜、禽、动物性水产品为主要原料，经过一系列工艺环节加工而成的各式生干制品，按照原料划分，有黄圃腊肠、黄圃腊肉、黄圃腊鱼、黄圃腊鸭等产品。其主要加工原料为畜、禽、水产品，还需要用到调味料和肠衣。经政府的指导、引进和培育，黄圃腊味产业向原材料供应、生产加工、冷库储存、质量检测、产品开发、贸易流通等"研、供、产、销"一体化模式发展，形成了以腊味为主体，多种深加工农副产品齐头并进的食品生产体系。

（4）延伸产业链条

黄圃腊味行业的发展，使其已逐步形成食品工业集群优势明显的区域特色经济。上游带动当地养殖业、动物种业、饲料等产业快速发展，现有鱼塘3万亩，饲养家禽10万只。中游带动家禽家畜集中屠宰、腊味食品加工机械、食品包装、加工配料等产业发展。下游带动商贸（包括电商）、餐饮、旅游等休闲农业、服务产业集聚，镇内已经拥有食品批发、零售企业100多家。

（5）注重科研应用

黄圃腊味产业积极与高校、科研院所等机构合作，开展技术研发与应用，从家庭作坊式的手工制作，逐步走向机械化、工业化、规模化、规范化和现代化。近年来，黄圃镇农产品加工技术与科技投入每年都有40%以上的增长，研发费用占销售收入比重的7.5%。黄圃镇先后承担了粤港关键领域重点突破项目"粤式传统肉制品现代加工技术"、广东省教育厅产学研项目"粤式传统肉制品现代技术、装备和质量安全控制体系"、广东省重大科技专项"食品产业低碳技术创新与示范"，并通过这三个项目的实施实现了粤式传统腊味肉制品自动化清洁生产，使企业由传统生产技艺型向科技效率效益型转变。

（十八）生"金"止贫小金橘
——广西壮族自治区桂林市阳朔县白沙镇金橘产业

广西壮族自治区白沙镇通过优良品种引进、示范、绿色水果生产基地和绿色水果营销网络建设，利用金橘产业带动农民增收。小小金橘能生"金"，能止贫。

1. 基本情况

白沙镇位于风景秀丽的广西桂林市阳朔县中部，距县城9公里。全镇面积153.83平方公里，下辖115个自然村，总人口4.77万。桂梧高速、321国道跨境而过，交通便利，加上适宜的气候条件和以砂石为主的坡地地形地理条件，催生出以金橘种植为主的特色产业发展格局。优良的气候、土壤环境和成熟的标准化栽培技术，打造出丰产优质、享誉全国的白沙金橘。

近年来，白沙镇先后获得"广西金橘之乡""广西壮族自治区五星级现代特色农业金橘（核心）示范区"等荣誉，入选"全国重点镇"。

2. 产业发展

金橘种植业为白沙镇主导产业，金橘种植面积超9.2万亩，年产量约18万吨，全镇苗木种植面积1.1万亩，从事金橘种植、销售的人员达2万人。白沙镇水果市场成为桂林市北部最大的水果、苗木集散地，年销售水果达100万吨。目前白沙镇农业生产总值达11.2亿元，GDP达18亿元。2019年被农业农村部认定为"一村一品"示范村镇，2020年被评定为"十亿元镇"，2018年获得广西农牧渔业丰收奖优秀奖。白沙镇依靠科研院所、农技推广技术人员、技术能手、专业种植大户、专业合作社、龙头企业、金橘协会和农业执法大队的保驾护航，全镇金橘产量占阳朔县金橘产量的65%以上，产品畅销全国，成为白沙镇的支柱产业和农民群众致富奔小康的"摇钱树"，促进了农民就业增收和农村一二三产业融合发展。

（1）企业牵头，打造高标准品牌

专业村镇农民合作社主要以桂珠金橘专业合作社和古板水果专业合作社为代表，龙头企业为阳朔遇龙河生态农业发展有限责任公司。该公司自2005年成立以来，坚持"有机农业、循环经济、生态富民、可持续发展"的宗旨，以"绿色科技、经营创新、联农双赢、共同发展"为经营理念，秉承"发展绿色生态产业链，创造健康生活新时代"的经营思路，全面致力于农业优良品种引进、示范及绿色水果生产基地和绿色水果营销网络建设。2008年，阳朔遇龙河生态农业发展有限责任公司获得桂林市政府颁发的"桂林市农业产业化重点龙头企业"称号和中国绿色食品发展中心颁发的"绿色食品"证书。2011年，该公司开始使用"遇龙金丹"商标。2012年，该公司所产金橘鲜果通过了桂林市检验检疫局的实地考察和果品农药残留检测，一百多项指标均高于出口国家农残标准，取得了"出境水果果园注册登记证书"，获得了出口东盟国家的许可。

阳朔遇龙河生态农业发展有限责任公司于2016年建立金橘加工厂。金橘是阳朔县的主要经济作物，以销售鲜果为主。加工厂的建立可以带动当地加工业的发展，应对市场变化和极端天气等因素对鲜果带来的冲击，也可以提高水果的附加值，还可以满足当地部分人群的就业需求，给当地农民增加收益（图4-45）。加工厂主要产品为金

图4-45　金橘分拣包装

橘干片。金橘经过清洗、切片后经低温脱水制成干片。加工厂对原料库、成品库、检验室、更衣间、烘烤间、冷却间进行有效分离，以确保不会对水果加工造成污染。鲜果采用的是经过认证的优质金橘，加工过程中禁止使用任何人工合成的食品添加剂，确保产品的纯天然品质。加工厂注重环保，其清洗鲜果的水经过滤后回用于公司园区灌溉，不外排。

（2）文化联动，促进全产业链发展

近年来，白沙镇先后获得"国家级生态乡镇"、"广西自治区级生态乡镇""全国休闲农业与乡村旅游示范点""广西金橘之乡""自治区五星级现代特色农业金橘（核心）示范区"等荣誉，入选"全国重点镇"，2015年白沙镇旧县村入选第六批"中国历史文化名村"。2018年，白沙镇获评"广西农牧渔业丰收奖"、优秀"一村一品"村镇。白沙镇金橘占全县金橘产量的65%以上，产品畅销全国，成为白沙镇的支柱产业和农民群众致富奔小康的"摇钱树"，促进了农民就业增收和农村一二三产业融合发展。

3. 联农带农

2020年，以沿金橘产业通道为重点区域，着力打造百里新村乡村风貌提升示范带，全力开展农村环境综合整治专项行动，从根本上解决全镇农村"脏乱差"问题。白沙镇通过实施"旅游+""生态+"发展战略，依托现代特色农业核心示范区创建发展百里新村生态观光游。金橘产业通道沿线村民90%收入来自金橘产业，人均纯收入达2.5万元，95%的村民修建了楼房，大部分家庭拥有了汽车。

4. 亮点经验

（1）重规划夯实产业基础

白沙镇规划了"一核三带"（"一核"指白沙镇集镇街区；"三带"指百里新村金橘产业示范带、遇龙河生态旅游示范带、桂阳公路苗木花卉示范带）的产业布局，突出金橘种植、苗木花卉种植两大产业特色，全镇水果种植面积超10万亩，其中金橘种植面积达9.2万亩，年产量约18万吨。白沙镇已成为桂林北部最大的水果、苗木生产和销售集散地，年销售水果达100万吨。作为全自治区现代特色农业（核心）示范区建设示范点，白沙镇多次接待区内外相关部门人员参观考察。

（2）抓建设提高设施保障

白沙镇根据已制定的发展思路，借着新型城镇化建设的"春风"，通过强化基础设施建设，抓好重大项目实施，促进金橘等产业快速发展。投入300万元完成阳朔县遇龙河柑橘产业核心示范区创建，投入200万元完成阳朔县现代特色农业核心示范园提档升级。完成37个自然村饮用水供给工程建设、37个自然村电网改造、118公里村道硬化，以及全镇行政村通村四级道路建设。

（3）保生态改善人居环境

践行"绿水青山就是金山银山"发展理念，坚持可持续发展，走生产发展、生活富裕、生态良好的文明发展道路。抓好遇龙河与百里新村农业休闲旅游体验示范区建设，突出抓好沿线沿河村屯的环境整治、立面改造、步道建设、田园绿化、节点美化等项目；以改善农村人居环境建设为突破口，投资700万元推进桂梧高速出口至百里新村环境综合整治工程；探索农村保洁服务外包，聘请环卫公司对集镇、主要道路进行专业保洁和生活垃圾转运处理，全面实现村收集、镇转运、县处理的目标。投资300万元完成垃圾中转站升级和非正规垃圾堆放点的整治，破解群众反映强烈、久而未决的难题。

（4）创品牌开发特色农旅

通过实施技术攻关、制定生产标准、加强市场建设、实施品牌保护等措施，在全国以金橘为主导产业的乡镇中，白沙镇金橘在种植面积、单产、品质、带动农民增收方面均较为领先，全镇金橘种植9.2万亩，年产金橘18万吨，金橘产量占全国金橘总产量的65%，"阳朔金橘"获"三品一标"认证，示范区是全国"三避"技术①发源地，有"遇龙金丹""桂株金珠""易之园"等著名商标、品牌。

通过实施"旅游+""生态+"发展战略，依托现代特色农业核心示范区创建发展百里新村生态观光游；结合遇龙河国家级度假区创建发展山水民俗文化和乡村休闲旅游；通过世外桃源AAAA景区打造、321国道和旅游精品线路的修建培育以主题景区旅游和自驾游为主的农旅结合新亮点；通过观景平台、休闲步道、观光采摘园、摄影基地、星级农家乐项目的实施，为游客提供游、购、玩、吃、住、娱的舒适环境。桂林国际旅游胜地建设为白沙旅游提供区位优势；国家全域旅游示范区创建为生态旅

---

① 即农作物避雨、避寒、避晒栽培技术。是指采取一定的人工措施，配以技术手段，达到防治病虫、防污染、防灾害的目的。

游、乡村旅游和特色旅游释放发展潜力；重大项目的实施为白沙旅游提供巨大动力和发展空间；百里新村"全国休闲农业与乡村旅游"示范点荣誉的获得为白沙旅游提供发展契机；日益形成自然生态观光旅游、山水民俗文化旅游和乡村休闲旅游"一带""一路""一河"的特色旅游格局，涵盖全镇70%的村庄，实现由农业大镇向农旅结合发展强镇的跨越。三年来，该镇对以服务业为主导的新型产业结构进行了优化，打造世外桃源全国4A标准化旅游示范点；提升了以遇龙河为代表的休闲观光度假旅游区；建立了以七仙峰茶园为重点的百里新村生态农业旅游示范带；开发了旧县传统村落历史文化旅游新亮点。白沙镇逐步形成了"旅游+产业+生态+文化"四位一体的旅游发展新格局，实现旅游年收入从0.6亿元增长到5亿元，彰显旅游产业活力。

（十九）春城花都
——云南省昆明市呈贡区斗南社区花卉产业

云南省昆明市斗南社区发展花卉种植和交易，打造出一座"世界春城花都"。

1. 基本情况

呈贡区斗南社区地处云南省昆明市近郊，位于滇池东岸，是昆明市级行政中心所在地，自然环境优越，交通通信发达。气候温和，冬无严寒、夏无酷暑，四季如春，鲜花常年开放，草木四季常青，享有"菜、花、果之乡"的美誉，可谓"天气常如二三月，花枝不断四时春"。斗南社区面积4.5平方公里，距昆明市主城区12公里，辖7个村民小组，农户2096户，总人口6538人，生产总值1.23亿元，以花卉生产、销售为主导产业，是历史上有名的渔米之乡，素有"金斗南"的美誉。

2. 产业发展

斗南，作为"云花"的发祥地，承载了"云花"的灵魂和新生。从1983年种下第一枝花，经过30多年的发展，斗南已成为亚洲第一、世界第二的花卉交易市场，拥有2000余家花卉经营户和物流企业，拥有花卉行业仅有的2个中国驰名商标"斗南"和"KIFA"，连续23年在花卉行业销售量、交易额、人流量、现金流居全国第一，成为全国花卉市的"风向标"和花卉价格的"晴雨表"。斗南地区形成了集花卉交易、冷链物流、科技研发、人才培训、花卉工业、旅游为一体的全程标准化现代花卉产业集群。

斗南花卉市场（图4-46）是中国最大的鲜花交易市场，聚集了2000多家经营企业（个体），6000多位经纪人活跃其中，每天上万人次进场交易，人流量居全国花卉市场之首，每年接待来花卉市场参观、旅游的国内外游客约20万人次。云南全省80%的鲜切花在斗南交易，鲜切花国内市场占有率超过70%，出口50多个国家和地区。鲜切花交易量（额）由1998年的4.1亿枝（3.11亿元）发展到2020年的89.55亿枝（83.95亿元）；

2021年1月至8月期间,斗南花卉市场实现鲜花交易量51.5667亿枝,鲜花交易额56.2929亿元。

3. 联农带农

1983年,斗南村民化忠义第一个在自家的责任田种了少量剑兰,引来村民竞相效仿,之后花卉便成了斗南人的选择。斗南社区通过引进花卉产业重点龙

图 4-46　斗南花卉市场

头企业,利用企业先进技术,借助企业品牌效应,提高花卉品质和价格,走"公司+农户+基地"的农业产业化发展之路。如今,斗南社区已有95%的耕地用于种植花卉,95%以上的农户走上种植和经营花卉的致富之路。近年来,还有大量花农走出社区到周边区县租地种花,带动了周边农民增收致富。斗南社区走出了一条独具特色的、依靠花卉产业发展而实现共同富裕的"斗南模式"农村致富道路,成为发展农村经济、增加农民收入的典型范例,为云南省乃至全国大中城市远近郊农村实现"小康"目标树立了榜样。

4. 亮点经验

(1) 自发与主动,调整产业结构

到过斗南的人都会对花卉市场门前的标志性雕塑"龟背驮金斗"印象深刻,它既是对斗南地理风物的形象比喻,更是对斗南吉祥富裕的描摹。金斗载誉,寓示斗南人开拓奋进的崭新业绩,寓意"斗南花卉"为呈贡一方百姓驮来富裕、文明、美好、发展。1983年,斗南村民化忠义在自家的责任田种了少量剑兰。也正是这一次尝试,成为斗南人的一次历史性转折,以花卉种植为主的产业结构调整在斗南社区悄然展开。斗南村民从此开始大量种植鲜花,在相互仿效之下,短短5、6年间,斗南的花卉种植就发展到上千亩,逐步走向花卉种植的基地化、规模化。随着花卉种植的规模增长,消费需求也日益加大。1992年,斗南社区开始有了自发形成的"花街",经过市场化的引导和提升,逐渐形成初具规模的花卉交易市场。之后,斗南村花卉交易迅速向市场化、多元化、国际化发展,形成斗南社区花卉产业种植与交易两大板块。

（2）引进与输出，提升花卉品质

为进一步推动花卉产业发展，进一步提升花卉品质，斗南社区积极引进花卉产业龙头企业，利用企业先进技术，借助企业品牌效应，提高花卉品质和价格，促进农民增收致富。先后与香港绿叶花卉公司合作发展玫瑰花种植，与武汉隆格兰园艺公司合作发展百合花种植，与台湾芊卉公司合作发展蝴蝶兰种植等，有效提高了各个花卉品种的种植技术和产品品质。与香港缤纷公司等合作发展鲜切花外销，提高了本地交易水平，拓展了销售渠道，提升了产品知名度。

近年来，斗南社区的花卉产业开始向周边延伸。仅2020年，斗南社区就有近500户花农到周边晋宁区、嵩明县、宜良县、玉溪市、安宁市等地租地种花，租种面积达1.7万亩，种植的主要品种是玫瑰、康乃馨、勿忘我、满天星、非洲菊、百合、杂花等，成为斗南的区外花卉种植基地。这种技术、人才和资金的输出，带来了花卉产量的增加和品质的保证，同时培育了一批乡土技术工人、管理人员，也带动了周边农民走上致富路。

（3）销售与拍卖，促进市场交易

随着花卉种植规模的扩大，从1990年起，斗南鲜切花交易从昆明市场零星销售逐步转移至斗南社区内每天傍晚的集中交易，进而形成了村中"花卉一条街"。自此，花卉交易量逐渐增加，客商大增。1996年，为了适应花卉产业发展的需要，社区居委会投资384万元修建了占地10亩的全国第一个村办初级花卉交易市场，从而结束了斗南鲜花在路边交易的历史。到1997年，斗南花卉市场已成为西南地区较大的花卉市场之一，斗南也随之成为闻名海内外的"花乡"。1998年，呈贡政府开工建设了"中国昆明斗南花卉市场"，占地74亩，共投入建设资金3000多万元。斗南的花卉交易在面积和功能上有了大幅度提升，建成了具备鲜花销售、种苗交易、信息传递、分拣包装、冷藏保鲜、检疫、仓储运输等多种功能的"花卉拍卖中心"，同时提供金融、工商、税务、航空、技术咨询等配套服务。2002年12月，斗南花卉交易中心拍卖市场投入使用，中心拥有16万平方米的交易场馆，两个拍卖大厅，9个交易大钟，900个交易席位，集中了对手交易、电子拍卖交易、电子统一结算交易、B2B（企业之间交易）四种交易模式。日交易量高达700万枝，有2.5万个供货商和3100多个购买商，"斗南花卉"从此进入国际市场，与国际花卉市场接轨。2015年，占地286亩、总建筑面积28万平方米的"花花世界"建成并投入使用，斗南花卉交易能力得到进一步扩展和提升。

（二十）"榴"金岁月
——云南省红河州蒙自县新安所镇石榴产业

云南省新安所镇发展石榴产业，打造石榴之乡，带领农民一起过上富足的"榴"金岁月。

1. 基本情况

新安所镇位于云南省红河州蒙自县东南部，距县城7.5公里，是一个坝区、半山区、山区融为一体的乡镇（图4-47），全镇面积87.2平方公里，年均气温17.8℃，年降雨量900毫米。全镇辖3个社区、4个村民委员会、55个自然村、90个村民小组，村民11832户，总人口35584人。2020年全镇完成社会总产值16.2亿元，其中：农业总产值7.82亿元，工业总产值4.96亿元，第三产业总产值3.42亿元；一二三产业比重分别为48.27%、30.62%、21.11%。

图4-47 新安所镇鸟瞰

新安所镇历史悠久，文化底蕴深厚，是红河州唯一的历史文化名镇，2000多年前西汉时期建立的贲古县就设治于此。新安所镇先后被列为原建设部小城镇建设试点镇（全国共500个），被云南省政府命名为"生态乡镇""旅游小镇"等，2020年被住建部、国家文物局授予"中国历史文化名镇"称号。

2. 产业发展

作为中国著名的"石榴之乡"，新安所镇种植石榴的历史长达700多年，现在石榴种植已成为新安所镇一张响亮的"名片"。"蒙自石榴"获得国家农产品地理标志登记保护，获得国家进出口检验检疫局认证的原产地标记注册证书和国家标准化管理委员会的无公害产品认证。新安所镇被列为全国第四批农业标准化示范区；万亩石榴园被列为国家级农业旅游示范区和"中国十大知名农业旅游示范点"；2005年，116株蒙自石榴落户北京钓鱼台国宾馆；2006年，获"2008奥运推荐果品"一等奖和"第十届农业博览会"金奖。

新安所镇农业主导产业品种是石榴，从事主导产业农户达6570户。2020年石榴种植面积43000亩，总产量11.18万吨，综合产值12.79亿元（其中：一产5.58亿元，二产3.88亿元，三产3.33亿元），产品畅销北京、上海、广州、江浙等国内发达地区及城市，外销越南、泰国等国外市场。

3. 联农带农

（1）扶持龙头企业、合作社带动农户模式

新安所镇政府组织成立行业互助协会，搭建龙头企业、合作社与农户互助合作的平台。政府鼓励龙头企业、专业合作社为农户有偿提供果苗、技术咨询、市场销售等服务，形成利益联结，执行统一的技术标准，避免了同类产品的恶性竞争，实现全镇石榴产业可持续发展。依托云南省省级产业化重点龙头企业蒙自市兴蒙农业科技发展有限公司，国家级、省级专业示范社蒙生专业合作社、南疆专业合作社和市内主要从事石榴、枇杷产业的80个农民专业合作社等，形成"公司+基地+农户""公司+农户+合作社""合作社+基地+农户林果示范地"产业模式。

（2）土地流转创新模式

新安所镇以稳定农村土地承包关系为基础，以农业增效、农民增收为核心，按照"布局区域化，生产专业化，经营一体化，销售品牌化"的思路，根据发展需要，将土地划分功能、连片经营。农户土地流转前平均效益为600元/亩，流转后土地收益为1200元/亩。土地流转实行动态模式，每亩每年土地流转费增加50～100元，作为农户土地增值的效益，归农户所有，以此分享二三产业和土地增值的效益。农民在土地流转后，农忙季节在基地里打工，工价每天60～100元，按每年150天工期计算，一年可增加收入9000元以上，还可余出时间从事餐饮业、交通运输业等工作。通过土地流转，农民逐步摆脱了土地的束缚，实现了从传统农民向农业产业工人的转变。

4. 亮点经验

（1）实施绿色发展

近年来，新安所镇积极实施绿色发展战略，探索了工程节水、生物节水等多种方式，逐年推进水肥一体化节水节肥新技术；开展测土配方施肥技术服务，实施化肥减量行动，通过增施有机肥、枝条还园、施用土壤改良剂等方式，增强农业可持续发展能力，至2020年，果园测土配方施肥覆盖率达90%以上；建设基地绿色防控技术示范区，大力推广灯诱、色诱、性诱、食诱等病虫害防控新技术，集成果品全程农药减量控害技术模式，全面提升果品质量。至2020年，在石榴、枇杷主产区先后推广安装太阳能杀虫灯76盏，累计发放诱虫色板20万张、昆虫性诱剂0.21万套，累计完成专业化统防面积4.3万亩、绿色防控面积5万亩，全镇绿色防控覆盖率达80%以上，水果质量安全抽检合格率达99.2%。

（2）重视品牌建设

截至2021年，新安所镇使用绿色产品标志的企业、合作社共有5家，种植面积达12000亩；"蒙自石榴"获农产品地理标志登记保护；"蒙生"商标申报为云南省著名商标和红河州知名商标；"蒙涯红"申报为云南省著名商标，2019年、2020年连续两年"蒙生牌石榴"被评为"10大名品"，2021年蒙自市南疆水果专业合作社"蒙涯红"牌水果获得云南省"十大名果"称号。

（3）促进产业融合

目前，新安所镇已建成组装式冷藏库52座，冷藏能力达5200多吨，为石榴鲜果销售和产后加工提供了品质保证。通过品牌建设、广告宣传、优化包装等，提升了农产品附加值，提高了经济效益，2020年实现农业总产值7.82亿元。

新安所镇在发展石榴种植的同时，推动石榴主题文旅产业发展，目前已建设完成石榴公园、过桥米线小镇等项目，完成100亩百年古树园土地流转、200亩老树园区托管，实施2000亩石榴古树园区示范项目，建设"100亩百年古树园核心区""200亩百年古树园示范区"，打造了"石榴文化一条街"，建设以古树资源和乡村文化为基础，集古树资源保护和观光（图4-48）、乡村体验、科普宣教和绿色家园为一体的宜居、宜游、宜业的生态美丽乡村。

图 4-48　百年古石榴树

（二十一）红火热辣好日子
——新疆生产建设兵团第二师二十二团辣椒产业

新疆生产建设兵团第二师二十二团在色素辣椒产业上，充分利用资源优势，以科技兴团为理念，推进农业现代化。以优势产业带农致富，促进长治久安。

1. 基本情况

新疆生产建设兵团第二师二十二团始建于1954年，位于新疆维吾尔自治区焉耆盆地腹地开都河流域，地处巴音郭楞蒙古自治州（简称巴州）和静县境内，属第二师焉耆垦区。团场东倚博斯腾湖，西濒开都河畔，北与和静县接壤，南隔丝绸之路重镇焉耆，与香梨之乡库尔勒相望。

二十二团区位优势明显，交通便利，路网发达。距乌鲁木齐市420公里（在建乌库高速复线260公里），距库尔勒市71公里。314、218国道形成十字型坐标，G3012高速公路和南疆准高速铁路穿团而过，毗邻的南疆重镇库尔勒是集航空、物流、集散为一体的现代化都市，是南北疆咽喉要地。二十二团是巴州北四县（焉耆、和静、和硕、博湖）和第二师焉耆垦区（包括二十一团、二十二团、二十四团、二十五团、二十七团、二二三团）的中心地带，属30分钟交通圈，全团路网覆盖率达100%。航空开通了直达北京、成都、西安、郑州等航线。随着兰新高铁的开通，也进一步拉近了二十二团与内地的距离。

二十二团主导农产品为色素辣椒，产地地处开都河北岸的冲积扇平原地段，海拔差异大，地面海拔高度1060~1921m。该产区属中温带干旱气候区，光照充足、热量丰富、夏季炎热、积温高、无霜期长、昼夜温差大，非常有利于植株养分的积累，具有得天独厚的生产色素辣椒的自然条件。

2. 产业发展

色素辣椒在二十二团已有15年的种植历史，在种植过程中，不断探索其栽培技术和品种优化，形成了一套完整的栽培技术规程。二十二团根据当地生态条件，长期坚持引种试验筛选工作，依据无公害食品对品种的高要求，选择具有抗病性强、丰产性好、色价高、干鲜两用型等特性的品种作为当地的种植品种，如韩国甜椒、墨西哥甜椒、红龙18、红龙23、红龙25、润疆红系列、硕丰6号等。图4-49所示为二十二团组织辣椒承包户召开地头现场会。

图4-49　二十二团组织辣椒承包户召开地头现场会

二十二团总耕地面积13.78万亩，辣椒年均种植面积5.53万亩左右，占总耕地面积的40%以上，年产色素辣椒2.567万吨。辣椒产业年均种植产值占全团农业产值的45%以上，截至2021年，种植辣椒产值突破5亿元。二十二团从事农业生产职工2816人，从事种植业职工2526人，其中80%以上从事辣椒生产。

近几年，二十二团积极承担科技项目，进一步提升色素辣椒的育种、栽培、加工等技术。承担有关色素辣椒的国家科技项目2项，即《加工番茄、制干辣椒集约化生产关键技术集成与示范》和《色素辣椒膜下滴灌进程自动控制技术应用与示范》。承担师级科技项目2项，获得有效发明专利7项、实用新型专利3项。多次荣获全国县（市）科技进步考核"科技进步先进县"和师"科技进步工作先进单位"称号。

如今，二十二团已经发展成新疆兵团第二师驻焉耆垦区最大的团场。环绕周边的是四县六个团场，已形成以二十二团为中心的半小时经济圈，辐射人口30万人，享有"幸福滩"的美誉。在经济圈里，龙头企业集聚，冠农股份、隆平高科、弘安、正邦等企业先后在这里落户，聚集了全国500强企业两家，国家级食品龙头企业5家，上市公司5家，食品加工业在团场发展史上首次奠定了支撑地位。

3. 联农带农

带农致富，促进长治久安。二十二团从事辣椒生产职工人均纯收入高于全团职工人均纯收入10%以上。二十二团建立优质色素辣椒绿色高效生产基地5万亩，实现年生产色素辣椒2.5万吨以上；推广示范色素辣椒绿色高效生产技术体系，降低成本；建设年生产能力为2万吨的色素辣椒颗粒加工厂一座，通过辣椒的打粉、造粒和深加工，提高色素辣椒的产品附加值，促进传统色素辣椒行业的产业升级，提高产值30%以上；推广应用实用型农业新技术15项，培训职工8000人次，提高农场职工的生产技能、科技素养和致富能力，使人均年纯收入增加5000元；为巴音郭楞蒙古自治州乃至新疆色素辣椒产区起到示范作用，为加快推进兵团跨越式发展和促进新疆的长治久安作出了贡献。

4. 亮点经验

（1）科技兴团，推进农业现代化

为使二十二团"一村一品"建设工作有序推进，二十二团党委高度重视，积极进行科技兴团建设，利用科技手段在育种技术、种植技术等方面为产业发展赋能。

全团从事辣椒生产管理工作人员160人以上（包括专业技术人员），从事辣椒一线生产职工2526人。色素辣椒严格按照无公害食品栽培技术规程执行。自引进生产辣椒以来，二十二团推广应用实用型农业新技术20项，培训职工12000人次（图4-50），提高农场职工的生产技能和科技素养；同时，获得无公害蔬菜产地认证、无公害农产品认证，辐射周边团场和县乡辣椒种植户1万余户。

二十二团通过长期储备专业技术人才，记录完备的生产过程档案，并据此建立生产技术规程和产品质量控制技术规范，全面推进色素辣椒产业的现代化、信息化建设。共有各类科技人员272人，其中副高级以上技术人员21人；中级技术人员95人；初级技术人员156人。农业发展服务中心面向团场各农业单位，开展农业新技术、新品种的引进、试验、示范与推广，技术服务，土壤、作物病虫害预测预报，天气预报等工作（图4-51）。

建立产品生产质量管理手册和生产档案。生产过程严格按照无公害农产品质量体系要求进行管理。生产环境达到《无公害农产品　种植业产地环境条件》（NY/T 5010—2016）要求，农药、肥料达到无公害农产品相关要求。

图 4-50　二十二团召开测土配方施肥技术培训班

图 4-51　技术人员田间发放施肥建议卡现场指导施肥

（2）整合力量，提升组织化水平

为促进辣椒产业的可持续发展，二十二团成立了辣椒种植、加工专业合作社，走合作社组织协调指导下的"企业＋基地＋农户"一条龙产业化运作模式。逐渐完善团场产业化市场营销管理模式和科技服务体系，形成了产业化生产经营格局；以市场为引导，企业为龙头，稳定的生产基地做后盾，农户积极参与，在此模式下进行种植、生产加工和销售，既维护了农户的合法权益，又发挥了群体优势，加强了行业管理，搞活了行业流通，增强了产品的市场竞争力，有效促进了辣椒产业的产业化发展。

2006年，由河北晨光天然色素有限公司、新疆隆平高科红安种业有限公司和新疆生产建设兵团第二师二十二团三者合资建立的新疆晨光天然色素有限公司在库尔勒市经济技术开发区建设了年消耗制干辣椒2万吨规模的辣椒红色素生产线。随着焉耆盆地制干辣椒种植面积的扩大，2008年年初由新疆隆平高科红安种业有限公司、新疆生产建设兵团第二师二十二团、二十四团三方共同出资3000万元，成立了新疆隆平高科弘安天然色素有限公司，投资在距二十二团团部5公里的第二师焉耆红色产业园区建设年产1000吨的辣椒红色素项目。当地辣椒深加工项目的建成，将进一步延伸新疆地区现有制干辣椒产业链，直接引领制干辣椒这一红色产业向产业化深度发展。二十二团色素辣椒的出口创汇额达1240万美元，辐射周边团场和县乡辣椒种植户1万余户，为巴音郭楞蒙古自治州乃至新疆色素辣椒产区起到示范作用，为加快推进兵团跨越式发展和促进新疆的长治久安作出了贡献。

二、乡村特色产业"亿元村"典型案例

（一）首都菜篮子
——北京市房山区大石窝镇南河村蔬菜产业

北京市南河村以都市型现代农业发展为主线，推进蔬菜产业区域化专业村综合发展。

1. 基本情况

大石窝镇南河村位于北京市房山区西南，与河北省涿州市接壤，四周有拒马河环绕，是一个岛型村落。共有农户420户，总人口1280人。全村村域面积4762亩，耕地总面积1470亩。2003年南河村开始发展设施蔬菜种植，到2006年初具规模，现有设施蔬菜大棚260栋，生产面积500亩，从事蔬菜种植和加工的农户占全村农户的60%。

通过"一村一品"建设，南河村逐步成为鲜切蔬菜加工和特色蔬菜种植专业村，形成了以鲜切蔬菜加工企业和特色水果番茄种植合作社为主的产业格局。

2. 产业发展

南河村以都市型现代农业发展为主线，以保障城市供给、保证质量安全和促进农民增收为目标，以"规模化布局、园区化建设、专业化种植、标准化生产、品牌化销售"为抓手，推进蔬菜产业区域化专业村综合发展，进一步提高了蔬菜种植专业村市场竞争力、蔬菜供给保障能力与产品质量安全水平，稳步推进蔬菜产业转型升级发展。

目前村民蔬菜种植技术大幅提高，蔬菜品种品类增加，品质也有了很大提升，村民收入明显增加，极大调动了农民的种植积极性。以西葫芦为例，年亩收入平均1.8万元，鲜食番茄年亩收入平均7万元以上。

南河村通过品牌化销售增加了南河蔬菜销售量和知名度，通过专业化种植和标准化生产使蔬菜质量安全得到有效保障，消费者对南河鲜切蔬菜和鲜食番茄品质更有信心，进一步促进了南河村设施蔬菜种植规模的逐渐扩大，蔬菜产业的可持续发展能力持续增强。

3. 亮点经验

（1）规模化布局

结合地力条件和土地性质，南河村把全村设施蔬菜分为两个功能区：育苗生产区及新品种新技术高产高效示范区、产品加工储运区。

育苗生产区现有育苗温室600平方米，年育各种蔬菜苗120万株，育出的种苗专供园区种植户生产。新品种新技术高产高效示范区500亩，开展蔬菜种植新技术、新设备、新模式的示范推广，年种植普通西红柿120亩、特色水果番茄120亩、西葫芦80亩、甘蓝160亩和白菜花20亩。

产品加工储运区占地40亩，共有恒温车间、保鲜库6000平方米，储存能力达到2000吨。

（2）园区化建设

近几年南河村将"一村一品"建设重点放在园区化建设上，共完成两方面工程。

育苗及新品种新技术高产高效示范区。该区有育苗生产面积600平方米，新品种新技术高效示范区生产面积500亩，现有设施蔬菜大棚260栋，因气候、地理等原因涉及品种茬口和加工需求的调节，南河村种植品种逐步脱离了与加工企业的捆绑。2020年和2021年中型果获得多个三等奖、优秀奖，2016年被评为"北京市生态农业园区"。

蔬菜鲜切加工储运区。该区建有恒温生产车间1.2万平方米，日生产各类冷链食品60余吨。其中，北京南河北星农业发展有限公司是以鲜食蔬菜加工、水果沙拉、速冻食品、冷链即食食品、膨化食品、酱卤食品等产品为主的生产企业，服务华北餐饮连锁、便利商超2000余家门店。

（3）专业化种植

新品种推广。自2009年以来，南河村按照蔬菜鲜切特点选择特定品种种植，品种主要有西蓝花、甘蓝、结球生菜和白菜花四大品类，全村蔬菜种植面积1250亩，其中四大品类1100亩，占全村蔬菜种植面积的88%。

由于加工订单和种植生产之间不可规避地存在时效因素、地理气候等生产条件因素影响，南河村逐步调整种植结构，发展都市型农业及特色品种种植。2015年北京南河菜缘生态农业专业合作社、北京蜓好农业发展有限公司逐步推动产业向高档特色鲜食番茄产业方向发展，品种有甜脆脆、京彩8、玲珑6、甄甜、高糖1号等。在传统种植的基础上，产品注重向精品化、高端化、品牌化发展。

新技术应用。近些年鲜食番茄订单量快速增加。为确保口感及品质，合作社倡导施用有机肥，减少化学肥料和化学农药的投入。为保障农产品的安全并使西红柿达到高品质、好口感，采用蔬菜病虫害全程绿色防控技术体系，具体包括残体处理技术、棚室土壤消毒处理技术、色板诱杀技术、遮阳网、防虫网覆盖技术、天敌防控技术以及高效施药等20余项技术，覆盖蔬菜产前、产中和产后全过程，以充分贯彻"源头控制、预防为主、科学防控"的理念。通过应用全程绿控技术，合作社在整体实现产量提升、收入提高的同时，利用新型高效施药机减少操作人员工作量，减少操作人员直接或间接接触投入品的概率，减少每亩每茬的施药次数，减少化学农药用量，实现了园区绿色防控技术100%全覆盖。

在房山区农业技术综合服务中心的指导下，西红柿等菜秧秸秆还田菌剂发酵技术的推广获得了巨大成功，还有多项种植模式和新技术在试验推广中。

（4）标准化生产

结合生产实际，从育苗、种植管理到采收的整个生产过程，严格落实各项生产操作标准，做到各项操作标准和规程进棚上墙。

（5）品牌化销售

主导品种均通过了无公害认证，并申请注册了"南河村""蜓好农业""蜓好桔柿"商标，逐步实现品牌化销售。

结合"北京最美的乡村"建设，南河村定期举办"美丽南河村，周末慢精彩"活动。每个周末都有游客慕名来到南河村采摘草莓、水果番茄、柠檬和其他新鲜蔬果，年接待游客近万人次。以休闲农业为纽带，拉近了种植者与消费者的距离，增加了信任度，促进了品牌化销售。

（二）"牛牛牛"
——山西省文水县刘胡兰镇保贤村肉牛产业

山西保贤村是肉牛养殖大村，目前已形成"种、养、加"相结合、"产、供、销、储、藏、运"一条龙的产业格局。

1. 基本情况

山西省文水县刘胡兰镇保贤村自古被人称为"牛"村，是文水县的"一村一品"养殖加工专业村，现有农户1313户，人口5200余人，耕地面积4300余亩，实际耕种面积3000余亩，养殖占地1000余亩。

该村交通条件便利，紧邻320省道、县道段马线，东距京昆高速5公里、祁县火车站10公里、太原机场65公里，基础设施完善。饮水设施齐全，标准饮用水覆盖全村；全村共有10千伏配电变台14座，总装机容量3610千伏安；通信网络通达，电信、移动、联通公司铁塔覆盖全村，"互联网+"发展迅速，网购网售已经形成规模。

"牛"产业链齐全。养殖屠宰加工始于明末清初，历史悠久。近年产业化发展迅速，目前已形成"种、养、加"相结合，"产、供、销、储、藏、运"一条龙的产业格局，结合当地资源条件，建立了酿酒产业—酒糟饲养—肉牛育肥—肉牛屠宰—肉制品加工—粪便发酵还田的循环产业链条。

2. 产业发展

（1）养殖"牛"

保贤村是山西省乃至全国的肉牛养殖大村，目前该村肉牛养殖呈现产业化、规模化、集约化、信息化、机械化的特色。现有"牧标""汇丰源""腾祥""永亮""绿原"等品牌旗下的养殖场260余个，其中500头以上规模养牛场50余户，50头以上规模养牛场200余户，年存栏3万余头，出栏5万余头，牛源来自东北、新疆、陕西、宁夏、内蒙古等地。"牛经纪人"乘飞机到全国各地赶集购牛，经高速公路运输贩运回村，实行机械化配料、人性化饲喂、高质量出栏。目前全村共有大型电控配料机100余台，粉碎机、切草机、搅拌机、铲车等1000余台件，配套地磅数十台，饲草从河北、天津、山东、河南等地直接调运。该村从事肉牛养殖人数有1000余人。为进一步提高养殖水平，村里组织对现有养殖场实施了标准化改造，并将粪污进行资源化高效利用，将其加工为有机肥，打造绿色种植基地，实现种养生态循环。

（2）加工"牛"

保贤村屠宰加工牛肉历史悠久，村内现有定点屠宰加工企业6家，年屠宰量10万余头，肉制品加工小作坊62户。其中山西牧标牛业股份有限公司为山西省第一家新三板挂牌的畜禽养殖加工企业，是国家级农业产业化龙头企业；汇丰源、贤美、和冠亨、聚贤等5家企业也分别被评为省级、市级农业产业化龙头企业。定点屠宰加工企业均建设规范化、标准化的吊宰车间、分割车间（图4-52）、肉品检疫检验车间，设有急冻库、预冷库、储藏库等设施，储存能力可达5万余吨。

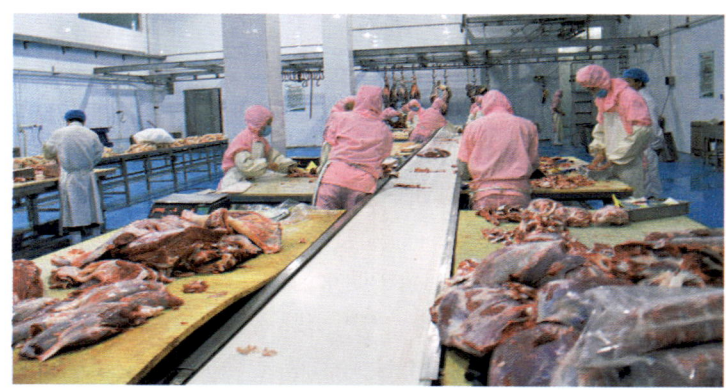

图 4-52　保贤村肉牛加工厂

（3）产品"牛"

现已形成熟牛肉制品、鲜冻牛肉产品、速冻牛肉制品三大类别10个系列200余种产品（图4-53），"牧标""胡兰乡""亨U生活""忘了吧""关云长""日念""和冠亨""美皓""保贤""贤美"等20多个商标获得省、市级"著名商标""名牌农产品""百姓放心食品"等荣誉，成为具有市场竞争力的核心产品，畅销全国各地。聚贤食品有限公司生产的冷鲜牛肉直供太原、西安、宁夏等地，每天通过冷链物流发运上百吨新鲜牛肉，并直接与全国各地批发市场接轨销售。速冻制品销往全国三十多个城市的现代超

图 4-53 保贤村肉牛产品

市及便利店系统、中餐与火锅店系统、西餐餐饮系统、社区专卖店系统等，拥有2600多个销售网点。

（4）企业"牛"

龙头企业通过强强联合实现提档升级，提升市场知名度和竞争力，取得了显著的经济效益和社会效益。其中，汇丰源食品有限公司与成都市棒棒娃实业有限公司、四川大学轻工科学与工程学院食品工程系联合研发项目；牧标牛业股份有限公司致力于互联网市场深度融合，已在京东、天猫、拼多多、苏宁易购等电商平台开设牧标食品旗舰店。目前，村里正筹备成立组建"保贤村农工商综合公司"，将传承独具300年历史的牛肉传统加工工艺，全面整合村内小作坊，形成统一品牌，提升市场竞争力。

3. 联农带农

目前全村农业经济总收入达16.3亿元，其中肉牛产业养殖、屠宰加工业总收入15亿元，占全村农业经济总收入的92%，农民年人均可支配收入达到1.3万元，高于所在镇年人均可支配收入62%。从事主导产业农户达797户，占全村总农户的60.7%，带动贫困户950户（包括周边乡镇）。参加专业合作经济组织农户546户，占从业农户数比重为42%。

该村肉牛养殖及牛肉加工等主导产业已成功带动并辐射周边村、镇、县、市，对种植业、冷链物流运输业、酿造业、服务业、商业、包装业、饲料加工及劳务等行业都起到了良好的带动效果，并承担完成了全县950余户建档立卡贫困户脱贫致富的艰巨任务。

4. 亮点经验

（1）传承历史，发展壮大

保贤村村肉牛养殖、屠宰、加工历史悠久，有古人言"保贤没有钟鼓楼，出了一伙杀剥侯"。通过挖掘"牛"文化，该村传承了独具300多年历史的牛肉传统加工工艺，促进了保贤村养牛业的发展，进而增加了农民收入，壮大了集体经济。

（2）聚集人才，强强联合

保贤村人才集聚，各养牛场、企业、合作社中都有中、高级技术人才，通过强强联合，当地企业与外地企业集团、食品科研院所和互联网电商平台等进行合作达到共赢，肉牛养殖及牛肉加工产业正稳健地迈入中国牛肉产业的高端行列。

（3）主导带动，融合发展

保贤村的主导产业已带动了其他相关产业、行业，效益可观，特别是对种植业、酿造业、运输业带动更为明显，并对贫困户也起到实际帮扶作用，对当地特色产业发展、促进农民就业增收和当地一二三产业融合发展起到示范作用。

（三）"桃花源记"
——山西省阳泉市平坦镇桃林沟村休闲农业

山西省桃林沟村过去虽名为桃林沟，实际并无桃林。村里瞄准城市休闲市场，抓住时机将地下煤炭转向地上花海，白手描绘出一幅经济、生态和谐发展的"桃花源记"。

1. 基本情况

阳泉市郊区平坦镇桃林沟村地处城市近郊，交通便利，国土面积1.86平方公里，常住人口1360人。多年来，桃林沟村坚持以"产业强村、旅游旺村、生态靓村、文化兴村"为总抓手，走出了一条依托煤炭发展，再从"地下"转"地上"，"黑色"转"绿色"，走"绿水青山变成金山银山"的"一村一品"发展之路，用实际行动赢得了"中国美丽休闲乡村""全国先进基层党组织""全国尊老敬老模范村""全国民主法治示范村""全国生态文化村"等荣誉称号。

2. 产业发展

桃林沟村原本没有桃林。对村名由来的好奇，也给了桃林沟村启发：能不能从村名"桃"字上做文章，打造一片桃林，蹚出一条绿色发展之路，使桃林沟名副其实？于是，村党委书记李乃珠带着这个想法通过走访、考察、论证，最终与村民达成一致意见：桃林沟就在市区周边，发展休闲观光农业有独特的优势，经济效益也高于种玉米等传统农作物。认准的事，说干就干。2000年春季，一场"桃花革命"开始了，桃林沟村种下了首批650亩桃树。由于桃树要三年才能挂果，为了使村民的利益不受损害，村委会专门制定了给予村民500元/（亩·年）的三年种地补贴制度。待到漫山遍野开满桃花，2004年桃林沟村举办了"首届桃花艺术节"，百余名摄影爱好者用相机留下了桃林沟最美的景象。游客从最初的几百人增加至几千人到时至今日的几万人，随着每届桃花节新颖的策划和不同的主题，丰富了山城百姓的文化生活，截至2021年4月已连续举办了十八届桃花节，在每年桃花盛开和桃果满枝的季节，吸引大量游客踏青、赏花、采摘，桃林沟的桃花节已成为周边市民每年春天翘首以盼的文化大餐。桃林沟村（图4-54）也走上了乡村旅游的发展之路，集聚了人气、财气和名气，"桃花经济"为村民户均增收达2000多元，同时带动了餐饮、娱乐、服务等各个行业的发展。

图 4-54　桃林沟村全景

3. 联农带农

2015年桃林沟村创新体制机制，大胆探索"以强带弱、并村帮扶"新模式，通过两年多时间的筹备，2017年6月跨乡镇顺利搬迁了原杨家庄乡大南庄村，同时也探索总结出了可复制、可借鉴、可推广的"好村领差村、富村帮穷村、强村带弱村"的脱贫攻坚"阳泉经验"。目前，原贫困村村民已全部入住喜来居小区，享受与桃林沟村村民同等的教育、卫生、就业、养老等各种待遇，有劳动能力的村民优先安置在村办企业就业。当地政府将原大南庄旧村开发为田园综合体，成立九保养殖合作社，让贫困村民全部入社分红。完成脱贫攻坚任务后，桃林沟村努力巩固拓展脱贫成果，在产业振兴上发力。截至2021年，投资6000万元的土豆粉加工项目已开工建设，既带动农户种植土豆促进产业发展，又保障了农户增收，能使更多的脱贫群众过上"稳稳的幸福生活"。

4. 亮点经验

（1）完善配套服务设施，夯实农旅发展根基

近年来，桃林沟村从完善旅游基础设施配套建设入手，提升旅游综合服务水平。目前已形成从城区到旅游景区的公、专双线循环交通网络，即26路公交车直达桃林沟景

区，并配置2辆旅游车在旅游旺季往返市中心循环接送游客，另在景区内配置2辆旅游观光车方便游客游览。在高速公路口和重要路段及三岔路均设立了路标和景区示意图、景区简介等，使游客进入桃林沟景区后能顺畅进入各景点。桃林会议中心配有多个会议室，可满足从几十到几百人不同规模会议需求，是学习培训、同学聚会、生日宴、亲友相聚的理想场所。景区还建有"银河冲击波"玻璃水滑道、"桃林鹊桥"玻璃吊桥、彩虹滑道、喊泉、童立方体验馆、高空滑道、虚拟现实（VR）体验馆、桃林乡村亲子乐园等"网红"项目，为游客带来新奇、惊险、刺激的体验。如今的桃林沟拥有"八大迷人桃花园"之美誉，是市民假日休闲观光的后花园，被评定为国家AAAA景区。

（2）绘就民俗文化底色，促进农旅融合发展

桃花、桃林美景有了，基础设施健全了，游乐项目也不少了，还缺点什么呢？在山西全省上下实施"文明守望工程"的东风下，桃林沟村与当地钻研民俗文化的专家座谈、交流，探讨如何立足乡村沃土盘活传统文化，提炼精神内涵，实现文化脉络延续。2016年5月2日桃河民俗文化园开工，该园以传承演绎本土民俗文化、工商文化以及农耕文化为主题，通过古建复建、古景复原、古物复制、古事复活等方式，再现晋东地区清末民初时代古商镇的繁荣景象。文化园挖掘筛选了108个行业，创作了大型系列作品《晋东百业风俗图》，并将50多项富有非物质文化遗产特色的传统小吃、古法作坊、建筑石雕砖雕、磨盘石器、老字号牌匾、传统商业楹联、民俗演绎等多种民俗文化元素荟萃于此。2017年4月7日，桃河民俗文化园开门迎客，成为晋东地区独有的特色文化园，也成为吸引游客的重要景点（图4-55）。

为充分发挥文化资源自身的价值，弘扬本土优秀家风文化，桃林沟村用时9个月

图 4-55 桃林沟村桃河民俗文化园

组织打造了独具本村特色的古州家风馆，主要以本土传统家风为素材，精选了本地历史上19个家族、家庭及个人的优秀家风故事。2021年1月又开放了桃林沟乡村故事馆和以染帮精神为主题的走染坊记忆馆。在中国共产党成立100周年之际，桃林沟村还建设了毛泽东生平纪念馆，以期永志伟人恩德，牢记初心使命；为了挖掘和保护阳泉地域英烈们的爱国主义精神，教育后人承前启后，建设了阳泉革命英烈纪念馆。这些场馆的建设为开发农旅研学、乡村体验研学、乡村振兴研学、产品体验研学、文旅研学等起到了积极的推进作用。

此外，桃林沟村还根据时间节点、季节变化，举办七夕节、星空音乐节、新春灯会及2019国际半程马拉松赛和第四届太行山英雄会摩托车大赛等活动，吸引不同类型人群，进一步扩大景区知名度，不断提升景区旅游品牌形象。

（3）壮大集体经济实力，共建共享发展成果

习近平总书记指出"人民对美好生活的向往就是我们的奋斗目标"。多年来，桃林沟村始终把"幸福桃林、宜居家园"作为工作出发点和落脚点。围绕住有所居，桃林沟村积极完善村内基础设施建设，建成水、电、气、暖、网配套齐全的桃林人家和喜来居住宅小区，并在村民居住集中的三处地带投资安装了净水设备，切实解决了村民饮用放心水、合格水的问题，为村民生活提供保障和便利。围绕病有所医，桃林沟村完善村卫生所功能，为其配齐设施，并建起统一规范的村民健康档案，以满足村民日常医疗、预防、保健、体检等卫生服务需求，实行新型农村合作医疗制度，并结合本村实际制定了补贴制度，对大病、重病患者给予除国家医保报销外的3000元至30000元不等的治病补贴，以确保村民不会因病致贫，同时每年年底组织退休村民进行体检，做到"小病不出村、重病有补贴、大病看得起，有病早防治"。围绕老有所养，村里设立了农村养老保险制度，男60周岁、女55周岁以上村民每月可领取700~1600元的养老退休金，退休村民人均年收入达10000元；70、80、90、100周岁以上的老人每月分别给予75、150、300、600元的生活补助，使村民老有所养、延年益寿。围绕学有所教，村里建立了3200平方米、可容纳300多名幼儿入园的高端寄宿制幼儿园，功能完善、环境舒适，童趣十足；村内小学和中学学生全部送阳泉市内学校就读；设立奖学金制度，对考入本科第一批次录取院校的学生重奖2万元，考入本科第二批次录取院校的学生奖励1万元。围绕民有所乐，桃林沟村在村民的日常生活中积极营造良好的文化氛围，组建了锣鼓队、秧歌队、晋剧团、腰鼓队，建起农家书屋、健身园、便民服务中心，并在每年春节、桃花节、元宵节举办文艺汇演，通过丰富多彩的文化活动凝聚人心。围绕生活福利，村里每年按照桃花节、庙会、中秋节、春节4个时间节点给村民发放米、面、油等生活用品，激发村民工作热情，提高村民生活水平。

（四）红莓赞

——辽宁省丹东市东港市椅圈镇李家店村草莓产业

辽宁李家店村在党建引领下发展草莓产业，带领农民致富，谱写出一曲新时代"红莓赞"。

1. 基本情况

李家店村地处辽宁省丹东市东港市椅圈镇北部，距201国道14公里，全村11个村民组，705户，2305人，劳动力1200人。有耕地面积8150亩，其中设施草莓面积2050亩。草莓生产是该村的主导产业，从事草莓生产的当地农户有605户，共1900多人。目前建成的设施大棚共803栋，年产量达6620吨，草莓总产值1.2亿元，2019年被农业农村部评为以草莓为主导产业的"全国'一村一品'示范村镇"，2020年被评为"全国乡村特色产业亿元村"。

2. 产业发展

椅圈镇李家店村草莓栽培历史已久，最早开始于新中国成立前后。那时草莓只有零星种植，以自食为主，面积不足百亩；改革开放后开始大面积生产，进入20世纪90年代，开始设施生产，草莓主栽品种也逐步更新换代，新技术推广普及率逐年提高。到2021年，全村设施草莓生产面积达2050亩，年产量达6620吨。全村农业经济总收入1.4亿元，其中主导产业总产值1.2亿元，占全村总经济收入的85.7%。村民人均收入达2.5万元，超过2020年丹东市人均收入10%。

（1）抓种植提质

李家店村草莓生产不仅面积大，而且生产技术好、设施标准高。2021年全村有803栋大棚（图4-56），99%是高标准钢架结构，并建有草莓高标准设施小区20个。单栋全钢架结构日光温室平均亩成本在10万元左右，安装有全自动卷帘机、自动放风

图 4-56　李家店村草莓大棚

机、自动喷雾打药机等。物联网、水肥一体化等技术在全生产过程中得到应用和推广，使整个生产过程有记录可查，产品实行食品合格证制度、质量可追溯制度等。

（2）抓品牌增效

李家店村草莓质量上乘，营养价值高，以优质的品质誉满国内市场，有的产品在北京、中国香港等地每市斤（500克）售价百元，仍供不应求。目前多家草莓合作社注册了"马家岗""北小圃"等品牌，共同组成了"马家岗草莓""丹东草莓"等区域品牌，产品进入沈阳、大连、广州、北京、上海等城市。李家店村草莓上市时间一年有9个月，最早上市在11月初，比其他地区早1个多月；日光温室草莓（图4-57）平均亩产为4吨以上；2021年平均单价为15元/千克，平均亩效益达6万元，温室最高产量达6吨/亩，最高亩效益达12万元以上。

（3）抓市场物流

随着李家店村草莓产业的发展，一支草莓营销队伍也成长壮大起来。李家店村拥有草莓经纪人50多人，大销量电商经纪人80多人。他们在草莓销售方面起到了不可或缺的作用，使草莓不仅畅销国内十几个大中型城市，还出口到日本、俄罗斯、

图 4-57　大棚中草莓果实累累

朝鲜、韩国等地。全村草莓电商销售额达到2千万元以上。全村有大型草莓包装车间10多家，产品包装精美，供不应求。

（4）抓科技人才

李家店村多年来与国内知名专家保持合作，并经常聘请专家到村讲课。在辽宁草莓科学技术研究院的指导下，李家店村草莓种植技术推广水平不断提高。每年举办培训班10余次，已培训500余人次，并在实践中培养出了一批技术过硬的"土专家"和大批科技示范户。李家店村不断引进草莓新技术，如日光温室促成栽培技术、土壤消毒技术、硫磺熏蒸防治白粉病等都是国内最早引进应用的；其他如电灯补光（图4-58）、蜜蜂授粉、黑膜覆盖、滴灌、秸秆反应堆、有机肥菌肥丰产栽培、冷藏苗栽培等技术也是应用最早、应用面积最大的，都属于国内领先技术。

图4-58 大棚草莓电灯补光

3. 联农带农

李家店村注重草莓生产主体建设，使农民合作社、家庭农场规模不断扩大，管理不断规范化、制度化。全村目前有草莓合作社和家庭农场10余家，担负起全村草莓生产总体规划、发展、销售、服务等一体化建设工作，多年来为李家店村草莓产业的发展起到了积极作用。合作社管理制度健全，财务管理规范，全村有600户加入了草莓生产专业合作社，占农户总数的80%。合作社采用统一生产、统一管理、统一销售的模式，通过统一的生产记录，实现产品质量可追溯。李家店村的草莓多次获得中国（辽宁·东港）草莓文化旅游节金奖。全村10余家合作社于2020年12月被丹东市旅游商品协会授权为丹东市旅游"后备箱"工程产品单位。

4. 亮点经验

（1）带动上下游，形成有序产业链

李家店村草莓在多年的发展中形成了一条有序的产业链，从脱毒苗选种到自主育苗，从冷藏苗栽培到综合丰产，从无害化生产到有机生产标准，从精品包装到极速快递，草莓产业带动了相关产业的同步发展。第一，带动大棚钢架、保温品、泡沫箱、

包装箱等制造业的快速发展；第二，带动草莓快递网点等物流业的迅猛发展，全村设立快递网点5家、分收点12家，以当日发次日达的速度将李家店草莓送到全国各地；第三，带动仓储业紧随其上，随着冷藏技术的普及，冷藏库及小型冷藏棚的建设迅速发展，全村建设冷藏库、冷藏棚90多座，可助草莓提早上市一个多月；第四，带动采摘休闲观光等旅游业发展。多产业的融合发展也反过来为草莓产业的发展提供了条件和市场。

（2）坚持党引领，走上共同富裕路

李家店村党支部通过"党建+合作社"模式，以东港市马家岗富源草莓专业合作社（国家农民合作社示范社）为龙头，带领其他10家合作社及家庭农场，加快转变农业发展方式、推进农业现代化进程，带动全村草莓生产向规模化、集约化、标准化、品牌化发展，带领草莓种植户走上共同富裕之路。

（3）强化质量观，守住食品安全线

在草莓产业发展中，李家店村积极引导草莓种植户树立农产品质量安全意识，要求所有草莓种植户全部建立生产过程档案，农药销售实行二维码或合格证贴标。全村草莓接受镇农产品质量安全监管站的采样检测，保证了草莓上市前的质量安全。同时，定期检查设施农业生产及所有包装车间等各个环节的安全生产情况，确保草莓生产全程受控，守住食品安全底线。

（4）建设各主体，提高总体生产力

李家店村在推进草莓产业提档升级中，努力加强技术推广力度，促进"土专家"队伍成长，发挥其示范带动作用；扩大经济人队伍，为草莓种植户解决后顾之忧；加大农民合作组织培育，发挥统筹作用，带动农民共同富裕，促进产销共同发展；充分发挥村委会引领作用，保证产业发展方向正确，总体生产力不断提升。

(五) 玉米香嘭嘭

——上海市浦东新区宣桥镇新安村鲜食玉米产业

上海市新安村瞄准都市消费需求,发展鲜食玉米产业,将香嘭嘭的玉米捧上市民的餐桌,也让新安村致富振兴。

1. 基本情况

浦东新区宣桥镇新安村位于沪南公路南侧,六奉公路西侧,大治河以北,全村区域总面积2.86平方公里,拥有耕地面积2513亩。由于地理位置较为偏僻,新安村长期保留着传统种植业特色,有种植粮食、蔬菜、鲜食玉米的传统,被人们称为"蔬菜村"。

作为浦东新区农业发展重点村,近年来新安村在上级各部门的关心和支持下,紧紧围绕农业增效、农民增收的目标,引导全村农户因地制宜发展特色农业,打造农业品牌,促进农产品销售,种植深受城乡居民欢迎的鲜食玉米,在种植特色农作物上创出了一条加快农民勤劳致富的新路,使新安村成为上海市郊最大的鲜食玉米生产基地。新安村"香嘭嘭"玉米已经成为"上海名牌产品,浦东特色经济,新安村'一村一品'",被上海市质量技术监督局评为"上海市标准化农产品"。

2. 产业发展

新安村主导产业鲜食玉米的种植面积达2000多亩(图4-59),年产玉米达8000多吨,亩产量2000多公斤,品种有京糯、沪糯、彩糯等,农民人均纯收入18000多元。种植鲜食玉米的收入已经成为新安村农户的重要经济来源。

上海香嘭嘭玉米专业合作社于2007年10月成立,现有社员33户,管理人员3名,专业技术人员2名,基地面积202.5亩,其中科研基地115亩,配有仓储、场地650平方米,加工车间120平方米。合作社围绕"企业增效、农民增收、科学发展"的目标,全力打造"鲜食糯玉米"这一优势品牌,并带动鲜食玉米种植和销售,促进了农民增收。

"香嘭嘭"玉米已成为上海市郊区种植玉米规模、技术含量和影响力较为领先的品牌（图4-60）。上海"香嘭嘭"玉米基地被上海市质量技术监督局授予"上海市鲜食玉米标准化示范区"，被上海市农业技术推广服务中心命名为"上海市鲜食玉米标准化生产示范园"和"上海市鲜食玉米新品种展示基地"，"香嘭嘭"玉米被上海市技术监督处评为"上海市标准化农产品"，被农业农村部认证为"无公害农产品"。

上海香嘭嘭玉米基地是宣桥镇农业技术推广服务中心倾力打造的区级示范基地，通过基地的技术创新，为合作社可持续发展提供技术和资源储备。上海香嘭嘭玉米基地共落实市级、区级技术创新项目达9个，其中实施《糯玉米保优栽培技术研究示范》《高产高效糯玉米新品种生产技术集成及示范推广》等市级项目5项，《鲜食玉米设施栽培技术研究》《甜糯玉米引进筛选及示范推广》等区科委、农委项目4项。通过项目的实施，新技术得到充分的推广与应用。

图4-59 鲜食玉米种植

图4-60 "香嘭嘭"鲜食玉米

3. 联农带农

新安村通过发展玉米产业，使农民收入得到显著增加。主导产业玉米的产值占全村农业总产值的79.6%，从事主导产业生产经营活动的农户占农户总数的82.7%。从事主导产业种植的收入占家庭经营收入的比重达到74.9%，农民人均纯收入高于所在乡镇农民人均纯收入10%以上。

4. 亮点经验

（1）规划品种布局，优化种植模式

为体现新安村玉米之乡经济特色，合作社试验示范了多种种植模式，其中一年三

茬玉米型，即："大棚玉米–夏玉米–秋玉米"的作物搭配模式取得很好效果，亩产值超过5800元，不同品种栽培各尽所能、相得益彰、优势互补，从而达到了经济效益最大化。

（2）引进优新品种，提升品质产量

结合上海市农业技术推广服务中心和上海市农业科学院在基地举办的"全国玉米区域试验"和"上海市玉米新品种展示"，积极引进筛选，近三年累计引进试种了150余个新品种新组合。示范种植的"彩糯2号""沪玉糯2号""沪玉糯3""华甜糯2号"等高产优质糯玉米新品种带动效益提升的效果十分显著。

（3）推广创新技术，提高种植水平

近几年上海香嗲嗲玉米基地共落实市级、区级科技项目多个，其中基地研发推广的"一黑到底"施肥技术属上海市郊区首创并推广的新技术，在合作社基地广泛应用，覆盖率达100％，取得了省工、增效的效果。

（4）完善运作模式，实现增产增收

合作社采用"合作社+基地+农户"的运作模式。合作社对现有社员收缴200～500元的股金，优先收购社员的产品，价格以高于市场价30％作为返利，并在年终时发放给社员一定数量的红利，使社员大局观、集体观明显加强。在基地，实行"6个统一"，即：统一茬口布局，统一品种安排，统一物资采购，统一技术指导，统一田间管理，统一安全监控。据统计，统供率达到80％以上，为农民增产增收奠定了基础。

（5）引进先进设备，一体发展道路

合作社实施"鲜食玉米产业提升的科技装备"项目，设计和引进蒸煮设备、冷冻保鲜设备、冷却设备和包装设备等，建成集合采摘—整理—蒸煮—冲淋—速冻—包装—冷藏的保鲜加工流水线，实现了玉米周年化供应。同时，研发了玉米棒真空包装技术，随着"香嗲嗲"真空包装玉米棒正式上市，由于该产品具有色亮、味香、软糯、耐嚼的特点而一炮打响，订单纷至沓来，发展前景十分光明。

（六）"莓"好田园
——江苏省扬州市仪征市马集镇合心村黑莓产业

江苏省合心村围绕黑莓产业，结合丘冈田园景观，建成一幅种植、加工、休闲、展示、体验、生活相融的悠然田园画面。

1. 基本情况

合心村地处江苏省扬州市仪征市北郊，紧邻马集镇区，交通十分便利，江六高速仪征出口坐落境内。村域总面积7.3平方公里，耕地面积4280亩，共有农户826户、3163人，其中中共党员103人。合心村属典型的丘陵地貌，土地多为马肝土，偏酸性，雨量充沛，光照充足，气候温暖。肥沃的土地、丰富的水源，适宜栽植各类植物，为"一村一品"发展提供了必要的基础条件。目前，村特色产业主要依托黑莓产业园，开展黑莓、蓝莓等珍稀品种种植，其中黑莓2800亩；村内还有680亩博鳌农业生态园和40亩猕猴桃基地。近年来，合心村先后获得"全国文明村""国家农业强镇示范点""全国'一村一品'示范村镇""国家森林乡村""江苏省文明村""江苏省一二三产融合发展先导区""江苏省休闲观光农业示范村""江苏省卫生村""江苏省和谐社区建设示范村""江苏省特色田园乡村""江苏省健康村"等荣誉称号，2020年入选农业农村部"全国乡村特色产业亿元村"。

2. 产业发展

合心村是马集镇万亩黑莓产业园核心区域，村内现有黑莓加工企业、专业合作社等多家经营主体，其中江苏惠田农业科技开发有限公司是一家从事黑莓、蓝莓等珍稀品种小浆果种植、研发及其初深加工的省级龙头企业，企业目前拥有黑莓、蓝莓饮品加工厂及冷库，厂房面积2.1万平方米，冷库3000立方米，共6条生产线。

合心村共流转2800亩土地用于黑莓种植，年租金约170多万元，栽植黑莓品类近30种。种植基地常年用工30人，季节性临时用工350人。通过与龙头企业签订3000元/吨的保底收益协议，新发展黑莓种植合作社4家，种植户96户，新增种植面积500多亩，户均增收达15800元。2016—2021年，合心村先后举办六届黑莓采摘文化节，并在2017年举办了首届中国（仪征）黑莓产业论坛暨马集黑莓小镇建设发布会，年吸引游客10万余人次。2019年，合心村以黑莓产业为基础入选江苏省特色田园乡村建设试点名单，聘请江苏省城乡规划设计院设计合心村特色田园乡村，以"莓好田园"为主题，以丘冈田园景观为基底，打造以百汇园黑莓产业（图4-61）为品牌，以生态养生慢生活为体验，以企业带动、村企合作为模式，种植、加工、休闲、展示、体验、生活相融的悠然田园。

图4-61　百汇园工厂

3. 联农带农

农业是兴农、富农的根基，农业企业的价值在于引领群众增收致富。合心村充分发挥"黑莓产业联盟"的富民作用，以带动村集体和群众稳步增收。

一是注重保护农户利益，推动小农户与黑莓产业发展有机衔接。实行土地流转费按时拨放，既稳定了土地流转关系，又保障了农民利益。合心村共流转农民土地近2800亩，亩均增收约600元，有效增加了群众土地租金收入。

二是引导农业企业带动群众，尤其是困难农户就业。以江苏惠田科技开发有限公司为首的农业企业带动近350人就业，人均年收入近1.6万元，增加工资性收入。

三是进一步放大联盟龙头企业的致富效应，主动探索企业和农户利益联结机制，借助黑莓产业联盟，稳步实施黑莓产业推广行动。江苏惠田科技开发有限公司与种植黑莓的农户签订了长期稳定的购销合同，严格按照确定的品种、目标产量、质量要求组织生产，以确保农民收入稳定增加。目前已带动周边村、农户种植黑莓近千亩，实现企业规模扩张与群众增收致富的双赢，增加经营性收入。

四是村集体经济步入新天地。近年来，合心村以"黑莓产业联盟"为支柱，促进黑莓与文化、旅游、健康等要素相融合，打造集果蔬种植、产品销售、农业观光、文化体验等为一体的现代化黑莓产业示范基地（图4-62）。2020年，实现村集体经营收入145.91万元，农民人均可支配收入29100元，实现了民富村强。

图4-62　黑莓种植基地

4. 亮点经验

（1）创新种植模式

合心村初步探索出了以"统一供苗、统一指导、兜底收购"的模式带动周边农户参与发展特色产业，形成产业发展过程中紧密联系的利益链；同时，通过财政适度专项补助特色产业政策和农业保险，推动形成"一片一特色"，解决了乡村产业发展中企业、农户建设负担重、零散无序发展和抗自然灾害风险差的问题。合心村黑莓产业已实现种、产、销一条龙的良性发展态势，产业链条特色明显。

（2）拓宽销售渠道

合心村黑莓产业拥有多种营销渠道，产品遍布华东市场，部分产品已行销全国，出口澳洲、美洲等国际市场。目前，村域内企业拥有自营线上平台——百汇园微商城，并与多家线上电子商务平台达成了战略合作。在线下渠道方面，产品已铺设至各市县经销市场、重要客户（KA）渠道等，经过多年积累，已具备一定的品牌影响力和产品美誉度。

（3）特色农旅结合

以江苏惠田科技开发有限公司为龙头，将乡村民宿、游乐设施、拓展训练基地、彩色村文化、丁三魏游园等休闲娱乐设施进行结合，充分挖掘乡村资源共享模式，以特色黑莓种植、观光为基础，以休闲旅游、农情农事、自然资源为主题，将枣林湾旅游度假区及马集镇更多农业旅游资源进行整合，通过产品的开发、品牌包装及输出，围绕现代农业发展，将合心村打造成一站式农业观光旅游农情体验基地、中国最大的黑莓产业及深加工基地，重点吸引长三角城市，特别是近邻城市（如南京、扬州、镇江等）"私人订制"一日游或短途游线路游客，形成一站式民宿观光、体验、休闲、度假基地，推动地方旅游经济和农业经济的整合、发展，并为都市提供生态屏障。

（七）红莓雪桃，古镇留芳
——江苏省南京市溧水区东屏街道长乐社区水果与休闲农业

江苏省南京市溧水区东屏街道长乐社区大力发展大棚草莓种植、雪桃种植、铁皮石斛种植等高效设施农业，充分利用长乐古桥的优势，围绕旅游发展，全面打造"宋风小镇"，有效促进了社区经济发展和农民增收。

1. 基本情况

南京市溧水区东屏街道长乐社区因境内南宋古桥——长乐桥而得名，地处东屏街道中西部，位于美丽的东屏湖和卧龙湖下游，南面邻接东屏工业园区，西面和卧龙湖小镇及区经济开发区相连，紧接宁杭高铁溧水站、宁杭高速溧水北出口、340省道、戴上线、长方线、方店线贯村而过，具有较强的交通区位优势。

长乐社区总面积7.5平方公里，耕地面积6300亩，山林1500亩，水域500亩，下辖6个自然村，总人口2450人，劳动力1150人。目前，村集体年固定经营性收入152万元，农民人均纯收入28654元。

近年来，长乐社区充分发挥资源优势，依托金色庄园有限公司、黑尊雪桃有限公司和长乐农业科技园等农业龙头企业，围绕旅游发展，充分利用长乐古桥（图4-63）的优势，深入挖掘古文化遗产资源，全面打造"宋风小镇"，大力发展大棚草莓种植、雪桃种植、铁皮石斛种植等高效设施农业，有效地促进了社区经济发展和农民增收。长乐社区先后被评为"江苏省新农村建设示范村""江苏省三星级康居示范村""江苏省创业型社区""南京市水美乡村""生态优美示范社区""美丽乡村建设先进集体""富民创业示范村"。

图4-63　南宋古桥——长乐桥

2. 产业发展

长乐社区主要栽植特色水果、特色农产品，以草莓栽植为主。销售渠道主要是由全国各地的经纪人驻点收购后发往全国各地，其次经电子商务经纪人在线上进行交易，剩余部分通过旅游产业发展，让游客在田头采摘进行销售。

草莓种植以南京金色庄园农产品有限公司为龙头，基于销售，采用"公司+基地+农户"模式，适度扩大草莓种植面积，深入开发绿色、有机优质草莓等果品（图4-64）。公司投入1.1亿元在长乐村和定湖村建设两个草莓种植基地近5000亩，建设草莓种植钢架大棚、分拣包装厂房和冷库，以及用于育苗、采摘、展示和研发的玻璃温室。所培育的"红芭蕾"草莓荣获中国优质农产品开发服务协会"2019全国十大好吃草莓"品牌，"红艳"系列草莓荣获江苏省"紫金杯"草莓大赛金奖。

雪桃种植以南京黑尊果蔬有限公司为龙头。长乐黑尊雪桃属于水果中的高端品，是公司与山东、河南果树研究院合作，利用云南雪桃与山东冬桃嫁接，经多年培育形成的自有品种（图4-65）。黑尊雪桃已完成商标注册。与其他品种相比，黑尊雪桃具有成熟期晚、糖分高、口感脆甜、营养丰富等特点，其成熟期为10月中旬，正值中秋、国庆佳节，产品价格优势明显。长乐雪桃以江浙沪为目标市场，自2015年进入市场即深受欢迎。

图 4-64　长乐草莓

图 4-65　长乐黑尊雪桃

3. 联农带农

长乐社区以发展村集体经济收入为己任，综合互补，释放能量。通过土地综合整治、美丽乡村建设等形成一部分集体资产，在增值壮大集体收入的同时，更好地为村民增收创造条件。例如,引进南京黑尊果蔬有限公司在长乐村建设种植基地,雪桃种植面积2000亩以上,自产雪桃品牌产品生产总值超1亿元,带动农户就业300余人,实现基地农民增收20%以上。

通过大力发展"一村一品",以高效设施农业、种植业、农产品精深加工和休闲游乐等产业项目互为资源、功能互补,快速释放产业富民强村的能量,使得农民资产增值功能凸现,财产性收入大幅增加,让农民在家门口创业和就业成为现实,随着美丽乡村建设的深入推进,让农民和村集体真正得到实惠。

4. 亮点经验

(1)结构优化——土地整治,高效种植

长乐社区加大土地整治力度,通过用对全社区农田复垦等方式盘活土地资源,解放农村生产力。长乐社区抓住"万亩农田整治"的政策机遇,开展农田整治,建设钢架大棚,大力发展高效设施农业。按照社区发展规划,农田整治项目共涉及土地6500亩,全部整治成沟、渠、路配套的高标准农田。承包给6家农业技术发展公司,用于发展草莓、雪桃、铁皮石斛、金银花、有机水稻、绿色果蔬等高效设施农业项目,建设长乐农业科技园,为长乐社区的经济发展、村民致富增收奠定坚实的基础。长乐社区草莓种植区、黑尊雪桃园分别如图4-66、图4-67所示。

图4-66　长乐社区草莓种植区

第四章　乡村特色产业"十亿元镇亿元村"典型案例

图 4-67　长乐社区黑尊雪桃园

（2）农旅结合——"宋风小镇"，生态宜居

长乐社区得名于始建于南宋年间的长乐桥。长乐桥坐落于长乐社区北部，横卧于二干河上，是南京地区现存最古老的一座石拱桥。桥长36米、宽3.7米，为3孔石拱桥，由座石和青石分节并列砌法砌成。长乐桥曾是古驿道上的一个重要交通枢纽，桥面青石板上深深的车辙印记录了当年繁忙的景象。

长乐社区以"山清水碧生态美、科学规划形态美、村强民富生活美、管理民主和谐美、结构优化产业美"为目标，坚持"立于生态、兴于经济、成于家园"的发展理念，以陈家自然村环境综合整治为起点，不断完善公共设施，改善环境卫生；围绕宋代古桥"长乐桥"，翻建村史馆，讲述千年故事，展现沧桑变幻，使长乐社区成为田园丰产、果园飘香、乡村美丽、古韵悠然的度假胜地。

（3）长效管理——生态环境，长抓不懈

长乐地区结合实际，出台了"五位一体"等一系列地方性保护规章制度，实行主要负责人负责制，明确整治管护范围、标准和方法，使环境保护有法可依、有章可循。如今的长乐社区，农家院落干净整洁、村里村外绿意盎然、穿村小河清澈见底、文化广场充分利用、男女老少精神抖擞，展现出一幅静谧、和谐的画卷。再结合打造"宋风小镇"，深入挖掘古文化遗产资源，长乐地区更将成为一个让城里人放松心情、寻古探幽的美丽生态乡村。

（八）跨界横行的大闸蟹
——江苏省盐城市建湖县恒济镇苗庄村大闸蟹产业

江苏省苗庄村打造现代渔业产业园核心区，同时大力实施"互联网+农业"行动，以过硬的品牌、良好的技术、严格的质量壮大了水产养殖业，实现农民增收。

1. 基本情况

江苏省盐城市建湖县恒济镇苗庄村地处建湖县西南恒济镇西首，与扬州市宝应县射阳湖镇相邻，全村由三个自然村组成，全村有625户，人口2480人，面积8.4平方公里，耕地面积2745亩，养殖水面5600亩，是典型的水产养殖特色村。苗庄村区位优势明显，位于盐城和扬州的交界，紧邻建湖县"九龙口"旅游度假区和射阳湖自然生态保护区，以发展绿色无污染水产品为主要特色产业。

目前，村集体总收入180.24万元，集体经营性收入162.45万元，村级积累255.56多万元，农民人均收入3.01万元。苗庄村水资源十分丰富，水面面积占总面积的75.5%，盛产优质大米、荷藕、鱼、蟹、虾、鳖及各种"特产"产品。

2. 产业发展

苗庄村水荡资源丰富，2011年流转土地4000余亩，建成了万亩生态大闸蟹养殖基地，投资1.2亿元成立了集育苗、养殖、加工、销售、科研于一体的建湖九龙口大闸蟹有限公司，该公司目前销售额突破5000万元，纯利润约600万元，并获得市级农业龙头企业称号。公司注册的"九龙口"大闸蟹商标先后获得"中国驰名商标""江苏省著名商标"等称号，九龙口大闸蟹多次在全国蟹类评比中获得荣誉，并先后三次在中国香港举行专场推介会，出口新加坡、马来西亚、中国香港、中国澳门等国家和地区。

现苗庄村已经成为建湖现代渔业产业园的核心区，拥有6000亩标准化蟹塘（图4-68），每年产值达8000多万元。大闸蟹产值占全村特色水产品产值的75%以上。

图 4-68　苗庄村大闸蟹养殖基地

标准化、规模化养殖程度高，全程采用绿色环保饲料，用于调理水质及防菌的药物全部符合国家安全标准。大闸蟹养殖已经成为苗庄村的特色产业，实现了由传统农业向现代农业、观光农业、高效农业转变。

苗庄村在销售方面下大力气，在上海、苏州、北京等地水产品批发市场建立常驻水产品销售点，每天定时发货，确保产品供应充足。同时，大力实施"互联网+农业"行动，采用共享模式进行网络营销。苗庄村以过硬的品牌、良好的技术、严格的质量，进一步打开外埠网络市场，使产品赢得区域内外广大客户的喜爱。

3. 联农带农

苗庄村联农机制紧密，九龙口大闸蟹有限公司带动苗庄村及周边零散养殖户80多户，从事大闸蟹及相关产业的人员约有1000多人，极大地提高了苗庄村及周边村民的收入。目前，苗庄村人均可支配收入达到3.01万元，比全县平均水平高出22.46%。图4-69所示为苗庄村生产的九龙口大闸蟹。

图 4-69　苗庄村生产的九龙口大闸蟹

4. 亮点经验

（1）外部对接多样

强化与外部专业服务组织协作。顺应新型经营主体的发展需要，强化与外部社会化服务组织协作，完善运行机制，创新服务模式，构建以农业公共服务机构为主导、多元服务主体广泛参与的农业社会化服务体系。

一是购买服务。农民合作社、龙头企业不同程度地为农户提供生产经营服务，成为经营和服务双重主体。同时，基地与域外基地强化联合，采用服务外包的形式，如产品销售外包等，平衡用工量，提高生产效率和经济效益。

二是强化专业化组织的横向联合。积极引导专业化服务组织开展集中育苗、统一检测水质等社会化服务。苗庄村利用大闸蟹的规模优势，与省级水产研究所常年合作，为苗庄村的水产产业保驾护航。

三是打造重大农旅项目。苗庄村为了贯彻落实中国共产党第十九次全国代表大会（以下简称"党的十九大"）提出的乡村振兴战略的重大举措，以"大数据、大农业、大扶贫、大健康、大养老、大教育、大旅游"为发展理念，通过构建"示范园+基地+村支部+合作社+贫困户+电商"产业模式，实现一二三产业协同发展，走出一条大数据助推大扶贫、市场化推动大扶贫的精准扶贫新路子。苗庄村建设了综合馆、大数据中心馆、健康养老馆、特色大闸蟹培育基地，辐射带动周边贫困户和合作社发展优质稻虾、稻蟹共养基地。

强化与外部龙头企业的对接。苗庄村积极引导域内家庭农场、农业合作社、农业企业加强与外部龙头企业的联系，实现养殖技术与产品质量的联合提升。域内经营主体与域外加工龙头企业联合，扩大收购能力，减少企业经营风险。九龙口大闸蟹有限公司与上海、苏州以及北京的首联超市等建立长期合作关系，实现商超对接，确保产品销售渠道畅通，构建了较为完善的供销体系。

（2）支持措施到位

政策支持方面，恒济镇人民政府向上级政府和相关部门协调争取了相关的"一村一品"政策扶持。建湖县、恒济镇政府与国土部门协调批准办理了用地指标，解决了苗庄村多年以来一直有市无场的困难局面。从2015年起，县财政每年安排一定资金用于支持发展"一村一品"专业村镇，主要包括专业村规模化小区标准化改造等有关项目补助，以及村镇"一村一品"营销和技术技能培训。

加大宣传方面，建湖县委组织部、宣传部、机关工委、团县委、电视台多次开展新闻媒体宣传，提供技术宣传材料和交流学习资料，受到广大农户的欢迎。

金融支持方面，恒济镇政府与建湖农商银行协调对接，为苗庄村创业农户专项办理了由农户相互联保的低息贷款，贷款发放量位居全县前列。

基础设施方面，电力部门为苗庄村的生产基地实施电力增容，完善养殖基地用电网络，保障家家用电设施运转正常。建湖县经济和信息化委员会积极组织基础电信运营商帮助苗庄村增铺宽带线路，增加服务网络体系，大大提升了网络运行速度和质量，提升了园区的基础设施水平。

环卫安保方面，建湖县、恒济镇政府及环卫部门针对苗庄村生产性垃圾污染导致环境治理难的情况，为该村增加了保洁人员和保洁车辆，改变了苗庄村脏、乱、差的现象，使村庄环境保持整洁美观。苗庄村是多年的水产品养殖专业村，外来交易人员较多，社会治安管理较为复杂。建湖县公安局、司法部门在苗庄村设立了中心警务室、综治室、民事调解室、便民服务站，及时有效地处理交易中出现的相关矛盾纠纷，使苗庄村各项产业得到正常发展。苗庄村环境及社会整治工作均获得上级政府的表彰肯定。

（九）玉笛声动苦竹林
——浙江省杭州市余杭区中泰街道紫荆村竹笛产业

浙江省紫荆村积极推行林业产业化扶持政策，大力鼓励发展紫荆笛竹用材林的培育，积极推广标准化产业技术，开展竹笛制作工艺改进和竹材综合加工利用工作，使竹笛产业得到迅速发展。

1. 基本情况

紫荆村位于浙江省杭州市余杭区中泰街道西部，村域面积10.25平方公里，全村共有24个村民小组，840户农户，3010人，苦竹面积2.8万亩。竹笛、竹箫的加工制作、销售是本村村民的主要经济来源。20世纪80年代在铜岭桥村（现已并入紫荆村）依托特有的苦竹资源兴起的竹笛产业已发展到160多户，竹笛产品占全国份额85%以上，并远销东南亚国家和地区。笛竹定向培植标准化示范面积达1.28万亩，年产量超1.6万吨，集聚竹笛生产加工企业100余家、淘宝店铺60余家、电商从业人员200余人，年总产值达3.4亿元。自2019年开始，当地积极开展国家林草局《联合国森林文书》履约示范项目，建立了万亩苦竹园示范基地，开展竹林碳汇研究，完善基础设施配套建设，加快建设竹笛展示馆。

2. 产业发展

从20世纪50年代到80年代后期的计划经济定点采购，到20世纪90年代末期乡镇企业大发展，到品牌化发展，再到目前的网络化、国际化，紫荆村竹笛产业发展经历了四个阶段，也成就了一批知名的竹笛企业。特别是近十年来，紫荆竹笛为了扩大市场经营采取"走出去"的道路，与各大琴行、音乐院校、专业团体建立合作关系，以得到技术指导，扩大产品销路，并创立了自己的品牌产品，如"灵声""竹韵""敦煌""鸣声""西湖"等。

随着"中国竹笛之乡"称号申报成功,以及国家地理标志产品及标准规范的确定,紫荆竹笛产品质量和品质进一步提高,市场迅速打开,竹笛产品不仅满足了国内市场专业和业余兴趣爱好者的需求,而且快速走向国际市场,大量出口到港澳台、东南亚、日本、美国等国家和地区。目前,紫荆竹笛产业发展有三个领先,即:国内苦竹种植面积领先,苦竹面积2.8万亩,其中已建有笛竹定向培植标准化示范面积1.28万亩,年产量可达1.6万吨;国内竹业产业领先,紫荆村竹笛等生产加工企业160多家,竹笛行业协会1家,年总产值达3.4亿元,占国内外竹笛市场的85%以上;国内竹笛产业荣誉领先,紫荆村创建有全国唯一的"苦竹种质资源库",成为国家级苦竹定向培育标准化示范区,2011年被中国轻工业联合会授予"中国竹笛之乡"称号,2013年"中泰竹笛"成功获得国家地理标志产品保护,2020年被评为"全国乡村特色产业亿元村",中泰街道2016年成功申报"竹艺小镇",2017年成功申报浙江省非遗旅游景区,2019年成为《联合国森林文书》履约示范项目建设单位,2021年被命名为"浙江省民间文化艺术之乡"。优美动听的竹笛声不仅成为旅居世界各国华人思念家乡的一种寄托,同时中国竹笛独有的音色也使许多喜欢音乐的外国友人动情,越来越多的外国人开始学习中国竹笛。

竹笛产业是中泰街道的传统产业,也是林业经济的支柱产业之一。近年来,中泰街道紧紧围绕发展效益林业,提高林产品竞争力,促进林农增收这一中心,积极推行林业产业化扶持政策,以"扩量、提质、增效"为重点,大力鼓励发展紫荆笛竹用材林的培育,积极推广标准化产业技术,开展竹笛制作工艺改进和竹材综合加工利用等措施,充分发挥竹子优越的经济、社会和生态效益,竹笛产业得到迅速发展。

(1)组织保障,政策引导

在坚持合力攻坚"政府搭台,企业唱戏"的原则下,由街道主要领导、分管领导及相关职能科室组成中泰竹笛文化产业发展工作领导小组,加强街道与紫荆村、紫荆村与企业、企业与企业之间的密切沟通与协作,从2002年开始中泰街道就着重围绕苦竹、竹笛这些独特的资源做文章,先后分别与浙江农林大学、浙江林科院、杭州林科院、上海音乐学院、中国竹类研究所等单位进行产学研协作,开展苦竹园区的规划建设、苦竹栽培试验、笛用竹的定向培植技术、苦竹资源库等一系列项目工程,力推中泰竹笛文化产业的发展,大力度持续扶持竹笛产业发展。2019年开展《联合国森林文书》履约项目,2020年投资2000万元建设竹笛展示馆、游客接待中心和推动美丽乡村建设,2021年投资1200万元开展紫荆村全域环境整治,着力打造竹笛小镇。

（2）宣传推广，拓展市场

中泰竹笛有着"苦竹资源多、生产厂家多、大师艺人多"三大特点，自2003年开始与"中国笛友之家"网站联合在紫荆村共举办了17届全国竹笛夏令营活动，同时成功举办了4届竹笛文化艺术节，1次竹笛拜师礼仪活动，1次竹笛传承礼仪活动，来自全国各地乃至世界其他国家和地区的竹笛大师、演奏家、制笛大师、音乐爱好者以及专家、教授、学者等一大批人才共同研究探讨了紫荆竹笛文化产业发展方向及规划，为竹笛文化产业发展奠定了基础，同时也进一步扩大了紫荆竹笛品牌的知名度（图4-70）。

图4-70　紫荆村竹笛文化宣传

（3）联农带农

紫荆村共有24个村民小组，840户农户，3010人，苦竹面积2.8万亩。竹笛、竹箫的加工制作、销售是本村村民的主要经济来源。目前笛竹定向培植标准化示范面积达1.28万亩，年产量超1.6万吨，集聚竹笛生产加工企业160余家、淘宝店铺60余家、电商从业人员200余人，年总产值达3.4亿元。图4-71所示为竹笛现场制作宣传展示。

紫荆村开展专题培训，指导竹笛电商发展。目前紫荆村已有60多家淘宝店、20家天猫商城，交易额上千万，由此紫荆村也成为杭州市级电子商务村。

3. 亮点经验

如何创新思路促转型谋发展成为紫荆竹笛产业新的课题。紫荆竹笛产业今后发展的目标是按照《余杭区中泰街道竹笛产业发展总体规划》，整合政府和市场等要素资源，以紫荆竹笛"品牌保护+文化产业园大平台+苦竹现代示范园区"的创新模式，建设紫荆竹笛文化展示馆、笛箫演艺培训中心和企业销售展览园，打造竹笛产业文化的集聚区大平台。依托本地资源优势，整合苦竹栽培、竹笛加工、民乐文化展示、竹乡生态休闲度假旅游等要素，以努力打造竹笛主题特色乡村度假景区为远期目标，实现经济效益和社会效益的双丰收。

图 4-71　紫荆村竹笛手工制作展示活动

（1）顶层设计延伸链条

通过校地合作模式，优化竹笛小镇规划设计和产业布局，延伸产业链，提升附加值。进一步细化校地合作项目，加快产品设计、线路规划、演艺打造等合作成果落地。深挖竹笛相关非物质文化遗产、历史人物、历史建筑等文化内涵，整合资源，加强招商引资，利用政府财政资金、村级集体经济和企业社会资金开发特色文创产品、竹艺文化的研学体验、展示游览项目等，形成紫荆"未来艺海"旅游线路，为游客提供沉浸式体验，从一棵苦竹的培育到采伐到制作到演艺最后至遍及生活方方面面的衍生产品的全产业链项目（图4-72），都可在紫荆"未来艺海"线路中实现。

（2）强化特色打造品牌

建立中泰街道竹笛产业全域旅游品牌，形成独一无二的辨识度，开发文创产品品牌、农产品品牌等，打造特色旅游知识产权（IP），大力引导企业和个体经营者申请审核后使用，通过品牌串联企业和产品，促进营销推介。依托竹笛夏令营、笛箫文化公益课堂、竹笛人才文化艺术交流周等活动，邀请中国音乐学院、浙江音乐学院的笛届专家、演奏家展现技艺、讲授知识。加强"天下吾笛"公益工作室运作，让竹笛制作、演奏人才参加国内外各类乐器展览及演艺活动，进一步扩大紫荆竹笛影响力。充分发挥紫荆"笛一代"的模范作用和"笛二代"的先锋作用，打响紫荆竹笛人才品牌。

（1）紫荆村竹笛广场

（2）竹笛文化宣传

（3）竹笛制作

（4）竹笛演奏

图 4-72　紫荆村竹笛产业

（3）产业集聚传承文化

不断挖掘竹笛文化、培养竹笛传承人才，建设紫荆竹笛文化博物馆、笛箫演艺培训中心和企业销售展览园，通过村集体盘活存量用地和鼓励企业提升改造等多种形式集聚竹笛产业，形成集生产和展示于一体的竹笛产业园区。发展竹乡生态休闲度假旅游，努力打造竹笛主题特色乡村度假景区，通过开发闲置房产、鼓励农户利用自有住宅发展民宿经济和庭院经济，希望在"十四五"期间努力实现居民人均收入达4万元，推进共同富裕。

（十）一业"鲍"富

——福建省晋江市金井镇围头村鲍鱼产业

福建省围头村以"专业合作社+电商+股份制"多条腿走路，打造鲍鱼全产业链新业态，带动农民致富。

1. 基本情况

福建省晋江市金井镇围头村东临台湾海峡，西依美丽围头湾，北靠泉州，南与大金门岛隔海相望，三面环海，拥有近海优越的海洋生态环境。

围头村依托得天独厚的区位条件和海洋环境，已建成万亩网箱养鱼、海带、海蛎、鲍鱼等海产品养殖基地，其中围头湾鲍鱼养殖面积达7000多亩。通过合理开发利用特色资源，围头村大力推进"渔业生产+养殖+休闲+文化"的产业融合发展模式，经济总值达3.8亿元，人均可支配收入3.7万元，超出晋江市农村人均可支配收入60%，乡村旅游收入占农民总收入的50%以上。

2. 产业发展

（1）鲍鱼养殖业优势明显，三产融合成效显著

围头村具有得天独厚的区位条件和养殖环境，鲍鱼养殖业优势明显。全村鲍鱼产业从业人员1000多人，占全村总人口的25%，年产鲍鱼量约250万公斤。依托鲍鱼养殖优势特色主导产业，围头村大力推动"鲍鱼养殖+休闲体验+渔村文化"的产业融合发展模式，打造"看金门、探炮洞，逛古街、泡海水，抓鲍鱼、吃海鲜，住民宿、听故事"的"一村一品"特色产业链。

（2）全产业链打造新业态，品牌培育正逢其时

目前，围头村海峡鲍鱼养殖产业已实现从苗种培育、养殖、加工到销售全产业链的延伸，通过产业间相互渗透、交叉重组、前后联动、要素聚集、机制完善和跨界

配置，形成新产业、新业态、新模式。围头村鲍鱼养殖业正处于产业融合化、多元化、品质化、品牌化的提档升级关键期，培育名优特色农产品品牌，打造"一村一品"发展格局，发展乡村特色产业正逢其时。图4-73所示为围头村优质鲍鱼。

图4-73　围头村优质鲍鱼

3. 联农带农

2017年，围头村率先开展农村经济产权制度改革，成立围头股份经济联合社，村集体持股25%，个人及其他股占75%，现有累计股份58340股。通过集体经济改革，围头村取得农商行集体金融授信2亿元，村民持股质押授信可获得贷款，助推鲍鱼养殖业发展。随着从业人数的不断增多，鲍鱼养殖业规模逐渐扩大，围头村整合一百多户鲍鱼养殖户，成立围头湾鲍鱼合作社，走抱团发展之路，实现从育种、养殖、加工、流通、仓储到流通的贸工农、产加销一体化发展。通过合作社运作，与苗种、龙须菜、海带、养殖桶等供应商协商价格，大大降低养殖成本。引进我国台湾养殖技术，采用海陆轮养，缩短养殖周期，提高养殖户收益。与威海荣成市俚岛镇达成结对共建协议，尝试"南鲍北调轮养"，充分发挥南北海域的资源优势，减少自然灾害造成的损失，提升鲍鱼品质。

全村鲍鱼养殖业产值达2.5亿元，带动休闲农业及乡村旅游收入1.2亿元，主导产业鲍鱼养殖业产值占全村经济总值的68%。人均可支配收入达3.7万元，超出晋江市农村人均可支配收入60%，带动产业增值、村民增收效果显著。

4. 亮点经验

（1）全方位塑造文化品牌

围头村"海峡鲍鱼"被福建省方志办授予"福建方志特色记忆"品牌，塑造了极具区域特色的乡村文化品牌，有力推动了乡村旅游提档升级，助力乡村经济社会发展。随着旅游基础设施的不断完善和乡村特色产业发展，2018年围头村游客量突破180万人次，成为福建省休闲农业和乡村旅游人气最旺的渔村。围头鲍鱼养殖业全产业链发展已成为围头村乡村振兴的中坚力量。图4-74所示为围头村鲍鱼养殖场，图4-75所示为围头村"海峡电商"收发中心。

图 4-74　围头村鲍鱼养殖场

图 4-75　围头村"海峡电商"收发中心

（2）多元化打造产业格局

围头村鲍鱼养殖业规模持续扩大，传统产业转型升级，农家乐、渔家乐等乡村旅游配套建设迅猛发展，实现了村民就地就业，提高了村民收入，拓展了增收渠道，从而培育了乡村新产业、新业态。养殖业各市场主体在留住游客、刺激消费上积极探索产业融合发展模式，如海峡水产养殖有限公司将养殖园区旧厂房改造提升为乡村民宿，将鲍鱼育种、培育等打造成青少年研学实践项目，从而实现生产、体验、餐饮、住宿一体化经营。围头村紧紧依托本地资源优势，发展特色产业，延伸链条、村企互动、（海峡）两岸共建，走出了一条产业融合发展之路，形成了良好的引领示范作用。

（十一）"粉"发图强
——山东省泰安市宁阳县乡饮乡南赵庄村粉皮产业

山东省南赵庄村以集约化的运作模式、现代化的加工方式，将粉皮粉条串起大产业，以"粉"富民，以"粉"强村。

1. 基本情况

南赵庄村位于山东省泰安市宁阳县乡饮乡南部，地处宁阳县、兖州市和曲阜市交界处，村民2520人，总耕地面积4780亩。村内有卫生所2处，爱心院1处。多年来，南赵庄村以党建促发展、惠民生，特别是引进龙头加工企业和成立淀粉制品合作社以来，南赵庄村的粉皮、粉条产销量和利润实现了连年翻番增长。南赵庄村被授予"泰安市文明单位""泰山先锋基层党组织"、县级"集体经济发展50强""特色经济专业村""示范合作社"等荣誉称号，2014年被山东省农业厅申报为山东省"一村一品"示范村，2020年被农业农村部评定为"全国乡村特色产业亿元村"。

南赵庄村主导产业为粉皮、粉条等淀粉制品，历史悠久。乡饮粉皮始于1846年，粉皮薄如蝉翼、晶莹剔透、口感滑韧，在漫长的岁月中一直深受人们的欢迎。乡饮乡历来有种植地瓜的传统，地瓜是当地的主要经济作物。南赵庄村坚持党建引领、龙头驱动的思路，采取"公司+农户+合作社"三位一体的合作模式，以集约化的运作模式、现代化的加工方式，做好原料购置、生产加工、销售服务的全程管理与服务。借助山东农业大学等科研单位的技术扶持，与种植大户签订合作协议，带动乡饮乡及周边地区种植地瓜3万亩，年产地瓜8000万公斤。利用山东乡汇淀粉制品有限公司的淀粉加工项目，每年生产淀粉2000万公斤，满足淀粉深加工原料需求。形成了"地瓜种植→淀粉加工→粉制品加工"的产业链，大大降低了物流成本，保证了产品质量，实现农民增收、企业发展的双赢局面。

2. 产业发展

粉皮、粉条等粉制品加工是南赵庄村的传统项目，粉制品加工业可追溯到1846

年,至今已有170余年历史。2008年8月,粉皮粉条加工工艺被泰安市政府评为第二批市级非物质文化遗产,南赵庄村是粉皮、粉条加工产业中的"领头羊"。南赵庄村还引进四种薯类新品种,从源头上提升粉制品原料品质(图4-76)。目前,南赵粉皮、粉条不仅站稳省内市场,还销往北京、天津、上海、河北、江苏等21个省和直辖市,产品供不应求。"南赵""天一""乡饮大粉皮"等品牌已得到市场的认可和好评,影响力不断扩大。

图 4-76　薯类创新团队(泰安)甘薯新品种实验示范基地

(1) 发展龙头企业

为提高粉制品产量和质量,提升产品的附加价值,增加村民收入,带动南赵庄村乃至县、乡粉制品加工业提档升级,南赵庄村积极招商引资,先后引进2家规模化龙头企业。

2011年3月份,当地引进济南凤霞商贸中心投资建设天一食品加工项目,总投资7000万元,占地60亩。建设有标准化加工车间、包装车间、烘干车间、净化车间、化验室、办公楼等设施3.6万平方米,购置自动净化、分类、烘干及包装设备230余套,成立了宁阳天一农产品有限公司,专营粉皮加工与销售。公司现有员工150余人,突出"以人为本、安全健康"的生产经营理念,以"吃出营养、吃出品位、吃出健康"应对市场消费趋势,以自身技术、资金优势积极开拓市场。公司年销量突破1750万公斤,年销售收入达1.4亿元。

(2) 建立批发市场

南赵粉制品产品交易批发广场是在原粉皮交易市场的基础上打造的升级换代版,

依托淀粉制品合作社、宁阳天一农产品有限公司、宁阳国华粉制品加工厂和山东乡汇淀粉制品有限公司等主体，建有商铺、商户住宅、停车场、物流配货中心、仓储中心等各类配套功能区，以满足日益增长的粉制品仓储和流通需要。

（3）打造绿色品牌

品牌是市场，也是产品的生命力。为提高南赵粉皮、粉条等粉制品的影响力，南赵庄村积极打造绿色无公害的粉制品名片。在生产加工方面，做好环保文章，保证环保设备高标准正常运转，统一规划全村排水网络，做到集中处理、循环利用，消除污染。在质量和品牌方面，宁阳天一农产品有限公司通过了QS食品质量安全认证（编号：QS370923011238）。2018年山东乡汇淀粉制品有限公司注册"乡饮大粉皮"生产专利；南赵淀粉合作社注册了"南赵牌"商标，包装箱申请了专利，生产基地建立了县级科技示范园，通过了绿色食品认证，并研制出16种粉制品保健食谱，深受广大消费者欢迎。2011年7月，南赵粉制品合作社党支部书记刘学民走进山东广播乡村频道《绿色之声》栏目录制现场，宣传推介南赵粉皮粉条产品。南赵庄村还采用QQ、微信以及官方网站等多种方式进行宣传推介。

3. 联农带农

南赵庄村现有680户居民，其中470多户从事粉制品加工，占比69%，从业人员达1900人。目前全村年生产粉皮、粉条等粉制品突破4000万公斤，实现销售总收入3.2亿元，占农业经济总收入4.1亿元的78%，在带动村民增收的同时也增加了村集体收入，村集体收入达260万元。依托产业优势、龙头带动，南赵庄村计划在3~5年内实现村集体年收入500~1000万元，真正实现富民强村。

发展农民专业合作社。宁阳县乡饮乡南赵淀粉制品合作社成立于2005年8月，合作社采用股份制管理形式，产权明晰（发起人21人，会员220户，其中农户会员100人，单位会员4个，筹集资金11200元，其中身份股10800元。个人身份股每人50元，单位会员身份股每股100元，投资股每股400元，利润分配比例为20%公基金、10%公益金、40%交易量返还、10%投资股分红、20%身份股分红），机构健全。由于利润分享，风险共担，因此管理水平大幅度提高，效益大幅提升，目前吸引入社农户达到380户。合作社成立后积极组织会员开展相互交流，推广先进经验，交流信息，互通有无，取长补短；组织会员向先进地区学习，开展人才、科技、信息、物资、销售、资金等方面的服务。合作社的成立，对增强企业与政府的沟通，增进企业间的合作交流，加强与社会各界的联系，拓展为企业服务的领域，促进淀粉制品加工行业更好的发展都有着重要的作用和意义。

4. 亮点经验

（1）不断创新提升优势

苟日新、日日新，又日新，创新是发展的新引擎、新动力。南赵庄村一直秉承创新的理念，不断加大新产品的研发力度。在粉制品加工生产过程中，南赵庄村积极引进宁阳天一农产品有限公司和山东乡汇淀粉制品有限公司等龙头企业，新上设备和技术，积极引进标准化、自动化粉皮和粉条加工生产线，"原料净化→加工→速冻→烘干→检测→包装"整个工艺流程实现了机械化流水作业，实现了农产品手工制作向工业化的转变，带动了产业提档升级。同时秉承"绿水青山就是金山银山"的理念，引导企业坚持绿色发展、可持续发展，2018年通过了环评验收。

近年来，以山东乡汇淀粉制品有限公司为依托，通过与山东农业大学合作，共同研制开发红枣甘薯大粉皮、菠菜粉皮、芹菜粉皮、黄梨粉皮、胡萝卜粉皮及迷你小粉皮的生产工艺（图4-77），现在这些产品都已上市销售。传统的甘薯粉皮每斤（500克）只赚0.5元，而通过产品创新、营销方式创新，当前主打的蔬菜系列粉皮和水果系列粉皮每斤利润高达5元，是传统产品的10倍，大大提高了产品的附加值。新产品在市场上供不应求，发展前景极其广阔。

图 4-77 南赵庄村粉皮粉条加工

（2）村企合作打响品牌

通过第一书记带特产的村企合作形式，宣传南赵庄村粉皮粉条产品（图4-78）。山东宁阳统筹城乡发展有限公司为南赵五彩粉皮设计特色"复圣食礼·五彩蝉翼"养

图 4-78　南赵庄村的品牌宣传

生果蔬小粉皮包装,其蕴含风土人情与食礼文化的包装设计荣获2020年第二届山东省文化和旅游商品创新设计大赛金奖。

南赵庄村积极推行粉制品品牌化战略,"南赵""天一""乡饮大粉皮"等品牌已得到市场的认可和好评,影响力不断扩大。山东省农业厅确定的"无公害农产品产地"和农业农村部农产品质量安全中心审定的"无公害产品"认证使南赵粉制品品牌评估值达到4亿元。

(3) 交易批发扩大影响

南赵粉制品产品交易批发广场依托淀粉制品合作社、山东乡汇淀粉制品有限公司、宁阳天一农产品有限公司等生产企业,建有商铺、商户住宅配套区、停车场、物流配货中心、仓储中心等各类配套功能区。由于南赵粉制品独特的品质和市场影响力,使产品供不应求,每年吸引省内外客户参与市场交易达8000人次,市场交易量达3.2亿元。

(4) 培养人才开拓未来

南赵庄村高度重视粉制品行业发展,吸引人才,共铸发展。积极联系山东农业大学等科研单位,聘请优秀毕业生到村里工作,同时借助山东农业大学教育示范基地,广泛培养加工企业需要的各类科技人才,鼓励优秀人才进行科技大比武等活动,让更多的人才脱颖而出。南赵庄村通过南赵淀粉制品合作社定期举办专业技术培训,并以各种形式选拔优秀人才,补充到公司和合作社的管理、财务、营销、生产、加工等岗位。全村已形成一大批懂生产、会经营的农村实用人才和科技示范户,农民自我发展能力日渐增强,为南赵庄村未来粉条产业大发展打下坚实基础。

（十二）金"交"银"编"草肚皮

——山东省滨州市博兴县锦秋街道湾头村草柳编产业

山东省湾头村在柳条、荒草上做文章，以草柳为原材，以传统编制工艺增值，以网络交易实现价值，打造独特的草柳编产业。

1. 基本情况

山东省滨州市博兴县锦秋街道湾头村位于博兴县城以南3公里，南邻国际级湿地公园——麻大湖，水产资源丰富，东邻205国道，交通便利。湾头村现有人口5100人，耕地面积1980亩。村里有传统手工业——草柳编，借助电子商务提升销量，扩大产业，是国内最早的"中国淘宝村"，是山东省"电子商务示范村"。湾头村以销售草柳编产品为主，截至2020年，分别在淘宝、天猫、拼多多等电商平台注册网店900多户，有快递公司服务网点30余家，电子商务直接从业人员2000人，网上年交易额达4.6亿元。

2. 产业发展

目前湾头村从事草柳编织的有3200余人（图4-79），从事电商销售的有900多户，年销售额100万元以上的网店有百余家，信誉大多在5钻至两个皇冠（一个皇冠等于10001个信誉好评），日均成交量100笔以上，店铺平均利润10万～100万元，网上年交易额达4.6亿元。交易量的迅速扩大，带动了快递、物流、包装等产业的发展。现在村内有纸箱定制企业3家、快递网点26家，"四通一达"等国内主流物流商均在村内设有分拣点。也正是由于草柳编的发展，带动了就业和村民增收，每家

图 4-79　传统草柳编手工技艺传授

网店包括客服、包装等在内平均带动就业3~5名，直接从业人口达1.2万人，带动周边村庄就业4.5万人，人均增收4000元。

3. 联农带农

自2008年，湾头村就成立了博兴县锦秋工艺品农民专业合作社，商户入会率达100%，按照规范化生产、专业化经营的原则，积极发挥统筹作用，采取"公司+基地+农户"的产业组织形式，以本地公司为依托，以湖区为基地，辐射周边多个镇，充分发挥行业自律作用。湾头村与龙头企业天龙集团搞好对接，以收购网店和网店经营户为纽带，带动农村富余劳动力分散加工的产业格局，提高了草柳编工艺品的市场竞争力和村民收入。

4. 亮点经验

（1）对接生产与销售，完善链条

湾头村草柳编工艺品企业115家，形成了以经营草柳编产品为主的湾头村草柳编一条街。草柳编产品涉及30大类、1500多个花色品种。传统草柳编产业与现代电子商务平台无缝对接，逐步形成了日趋完善的产业链条，催生并促进了原料供应、手工编织、物流、包装制造等行业的发展。湾头村对接龙头企业天龙集团，该企业商标"龙士得"获得"山东省著名商标"荣誉称号。

（2）承担项目与合作，推介产品

一是锦秋街道承担全省草柳编从业人员与淘宝网的培训合作。与淘宝大学合作，成立了草柳编电子商务培训学校，每年定期组织电子商务从业人员赴淘宝杭州总部进行培训学习，邀请淘宝大学知名讲师来锦秋为网商授课。开展草柳编技艺进学校进课堂等活动，在街道中小学实践课程中，引入传统草柳编手工技艺实验课，由专业手工艺人进行宣讲，受到广泛欢迎，保持了草柳编技艺传承人的延续性。二是承担和举办中国滨州博兴草柳编工艺品创新博览会。面向全国征集草柳编创新工艺品、吸引创意设计专业人才，为草柳编创意企业设立展位，组织草柳编工艺品展销会、创新设计大赛、传统技艺比武（图4-80）、工艺品精品专题拍卖会等活动，拓展新思路、新途径，有力丰富了产品序列，增强了产业发展活力。三是承担建设中国草柳编文化创意产业园。该项目规划总投资5.18亿元，占地面积147亩，设计规模为入驻商户300家，电商100家，融创意研发、产品展示、仓储物流、金融服务、生活服务于一体，年销

图 4-80　草柳编技艺比武大赛

售额将突破5亿元。积极创新园区管理运作模式，逐步引导金融机构、培训机构、服务机构入驻，提高电子商务综合服务能力，打造网上创业"淘宝湾头板块"，逐步实现草柳编电子商务产业集群，打造全省草柳编产业文化创意基地。

（3）建立协会与标准，打造品牌

充分发挥电子商务公共服务中心和电子商务协会的作用，划分行业类目，制定产品联盟标准，加强行业自律。同时，发挥政府第三方监管、质监平台作用，共同做好产品的质量检测与把关，并搞好打击假冒伪劣、侵权维权工作，规范维护市场秩序，保证网上交易信誉度。在统一标准、保证质量的基础上，打造草柳编高端品牌。

(十三)她在"葱"中笑
——山东省德州市庆云县徐园子乡张培元村大葱产业

山东省张培元村大力发展大葱产业,实现富民强村。农民的日子越过越好,在一畦畦的葱田中露出发自内心的欢笑。

1. 基本情况

张培元村位于山东省德州市庆云县徐园子乡北2公里处。全村共有392户1320农业人口,1893亩耕地。近年来,张培元村在县委、县政府的正确指导下,在县农业农村局等部门的大力支持下,创新思路,锐意进取,充分发扬"徐园子大葱"地方品牌产业优势,大力推进农业产业结构调整,打造庆云县徐园子乡大葱生产基地,叫响了全国"一村一品"品牌,走出了一条发展大葱产业实现富民强村的新路子。如今的张培元村,翠绿的大葱铺天盖地,一畦连着一畦,成为一片绿色的海洋。到了收获季节,田间地头呈现活跃的交易景象。张培元村成为附近县市仅有的全国"一村一品"名品村。

2. 产业发展

(1)规模发展

规模优势是张培元村"徐园子大葱"走向省内外广大市场的基石。张培元村种植大葱由来已久,从最初种几分地自家食用,到乡村集市上少量交易补贴家用,再到后来规模种植,张培元村以大葱为突破口,带领农民走向产业致富路。经过十多年打造,张培元村已成为远近闻名的"大葱专业村",该村绿色大葱标准化生产基地突破1600亩,超过全村土地面积的80%(图4-81);村内拥有大葱批发市场一处,年交易量达8000吨,交易额3000万元;绿菜园蔬菜种植合作社拥有社员360名,占全村农户的92%,合作社所产大葱已获无公害认证。

（2）全产业链

建立标准化生产基地，打造"徐园子大葱"品牌，开拓产品销售渠道。张培元村党支部、村委会（以下简称"两委"）立足产业优势，从本村实际出发，充分发挥农民技术潜力、管理能力，借助上级的支持和扶持，多年如一日持续一二三产业融合发展，不懈努力，建成1500亩标准化生产基地，并配套完善了大葱批发市场，与京津冀农产品批发市场建立供销关系，开通了大葱从种到收、从农户到消费者的直接化、便捷化"绿色通道"。

图4-81　大葱标准化生产基地

（3）三"紧"管控

村"两委"在紧管农户生产标准、紧把产品质量前提下，紧盯大葱市场行情和销售市场，帮助广大农户多丰产、卖高价、多增收，实现了"农业增效、农民增收、农村经济发展"。2019年，大葱产大于求，产品滞销，有些农户想放弃大葱生产。张培元村"两委"认真分析大葱价格周期、研判2020年大葱行情，认定2020年大葱行情走势上涨的可能，就给那些想放弃种大葱农户做思想工作，让他们回来再种葱。2020年，张培元村大葱基地产品获得大收获，亩产量达4000公斤以上，批发价格在5元/公斤以上，一亩地就能卖得2万～3万元。仅仅在2020年，张培元村就有5名种葱大户家庭收入超过20万元。

（4）村风文明

张培元村"两委"通过发展大葱产业实施"一村一品"，不仅促进了当地农业产业经济发展，还推动了农村综合治理，优化了农村生活环境，改善了村内民主和谐风气。过去，张培元村经济不发达，农户缺少致富之门，无所作为，往往为了一件小事引发矛盾，干部觉得群众工作难做。自发展大葱产业后，群众对村干部怨气少了，邻里纠纷少了，村风民风明显改善。村"两委"处理群众纠纷少了，精力投入到农村产业发展和优化农村生产生活环境中来。目前，村"两委"建立了两层的办公楼，设置了村民活动室，让村民在发展生产的同时，也拥有丰富的文化生活。

3. 联农带农

张培元村原来是个贫困村，贫困人口就有200多人。在实施"脱贫攻坚"战中，村"两委"以大葱产业为"脱贫致富"的突破口，通过政策的支持，帮助贫困户谋划大葱产业，在资金、技术、销售市场等多方面给予帮助，让他们通过发展大葱产业增收致富。通过上级政策扶持一下、村"两委"帮助一把、农户自己努力一回的措施，手把手帮助贫困户种好葱、赚大钱、共致富。多年来，村"两委"、合作社等组织累计带动贫困人口202人脱贫致富。

4. 亮点经验

（1）两委推动，党员带头

张培元村"两委"以乡村振兴为中心，以"一村一品"发展为主线，以发展高品质大葱为突破口，以增加农民收入为目标，狠抓大葱产业发展。在打造大葱基地工作推进中，村"两委"发挥先锋作用，一是发动党员干部带头，从自我做起带头垦好田、种好葱，发挥示范带头作用；二是积极争取上级支持。张培元村"两委"积极与省、市、县沟通、交流，争取省、市驻村工作组大力支持，进行了1800余亩地的开发和方田的打造，建设了标准化生产基地。

（2）技术提升，农民培训

张培元村有着多年种葱的传统，家家户户都有种葱、盘葱、储藏大葱的经验，摸索出一套种葱技术。但随着广大消费者对产品质量的高要求，农户所拥有的传统理念、管理技术与现代技术要求有很大差距，为提高广大农户的管理理念和技术水平，村"两委"积极与上级农业部门沟通，利用每年度的示范主体培训、新型职业农民培训等培训班，开设大葱种植专班，让农户的老经验结合新技术，提高他们的大葱种植水平。坚持上下发动，通过座谈会、现场会、示范田向群众讲政策、比效益，宣传发动，引导广大群众发展大葱产业。

（3）基地建设，做优做强

张培元村紧抓"徐园子大葱"特色产业，以"技术优势再提高、管理生产再提升、品牌树立再强化、市场开辟再加力"四方面发力，强化张培元绿色大葱基地建设。一是提升大葱产品的档次。村"两委"以标准化生产为抓手，从优良品种、优质农资、无害化病虫害防治等多方面入手，提升大葱产品质量，打造无公害产品，同时实行大葱储藏低温化、初加工精细化等技术手段，提升大葱产销档次，推进其打入市场的能力。二是提高土地利用率。张培元村耕地虽多，但地块零散，地力较薄，有相当部分耕地处于闲置状态。为打造标准化大葱生产基地，张培元村在省市驻村工作组的大力支持下，投资近千万元对全村土地进行整理开发，建成了横成排、纵成行、道路平坦、沟渠畅通的"方田"，优先分配给种葱的农户进行经营，打造高标准生产基地。同时，利用村内道路两旁宽敞地带规划了大葱批发销售市场，并为大葱批发商提供便利的生活条件，打通了大葱田间地头"绿色"销售通道。三是提高农民种葱积极性。对于进入大葱基地的农户给予土地调整、技术服务、物资优惠等倾斜，吸引广大农户进行标准化生产。

（4）组织合作，富民强村

原来的张培元村大葱是一家一户自产自销，生产技术落后，生产管理难以到位，市场信息不灵通，产品滞销影响了大葱生产效益和农户收入。在乡政府的支持下，村里成立了"绿菜园蔬菜种植合作社"，实行"统一肥料、种子等农资购置、统一生产管理、统一技术服务标准、统一产品销售""四统一"运作管理模式，生产基地产品实行绿色化管理、品牌化打造（图4-82）。村"两委"通过"紧管农户生产标准、紧把产品质量前提下，紧盯大葱市场行情和销售市场"，帮助广大农户多丰产、卖高价、多增收。2020年全村人均收入达2.5万元，比全县农民人均收入高出53%。目前，张培元村"徐园子大葱"已远销至京津冀等地区，深受广大消费者喜爱。张培元村也因大葱产业促进了农业增效、农民增收，加快了乡村振兴。

图4-82　大葱生产管理

（十四）一"业"鱼龙舞
——河南省许昌市建安区灵井镇霍庄村社火道具产业

河南省霍庄村继承传统文化遗产，大力发展社火[①]道具产业，正如"东风夜放花千树"时的"一夜鱼龙舞"，为全国人民带来欢庆场景，带来缤纷形象，也给霍庄村村民带来幸福生活。

1. 基本情况

霍庄村位于河南省许昌市建安区灵井镇西部，紧邻天兴公路，交通便利，下辖3个自然村8个村民小组，655户2487人，党员75名，村"两委"干部5人。霍庄村的"社火道具"是非物质文化遗产，有上百年的生产传承。以戏剧道具、社火道具、影视道具为主导产业，是许昌市文化产业的一个典型，也是文化传承的载体，在弘扬中华戏曲文化上有着不可或缺的地位。霍庄村从事舞狮、龙灯、旱船、花灯、戏服等传统社火戏剧生产销售的历史可追溯到清末，百年社火工艺的传承与发展，让霍庄村享誉十里八村，成为全国最大的社火加工专业村。近年来，随着网络科技的高速发展，"社火戏剧"加工产业借助电商平台，不断拓展线上销售业务，规模和效益实现了飞速发展。目前，全村电子商户总数已达312家，占全村总户数的80%以上；"社火"产品年交易总额达2亿元，农民年人均收入1.6万元。

2. 产业发展

霍庄村是远近闻名的"戏具之乡"，该村加工生产社火道具已有百余年历史。目前全村2300多口人，有80%都在从事社火道具制作，全村2018年一二三产业总收入2.8亿元，其中"社火"产品年交易总额达2亿元，农民人均收入1.6万元，占村全部收入的71%。产品有舞龙、舞狮、旱船、宫灯、花灯等30大类200多个品种（图4-83），

[①] 此处泛指传统节日欢庆活动。

行销全国各地，乃至远销欧美、东南亚。电视剧《武媚娘传奇》中不少道具出自霍庄村；《霍元甲》里边唱戏的剧情中戏台上戏服、头饰等道具都是霍庄村生产的。

如今通过"互联网+产业"，助力霍庄村更多的社火道具走向更广更远的市场，有力带动了就业，助推乡村振兴工作。以许昌鑫正戏剧用品有限公司、许昌市豫金龙戏剧影视用品有限公司等企业为龙头，带动全村农户，每天销往全国各地的货物达3000余件，实现电商年营业额2亿元，占领了长江以北60%以上的市场，霍庄村因此成功入选"2016年中国淘宝村"。

图 4-83　舞龙道具

3. 联农带农

产业的发展是为了造福群众，给群众带来实实在在的利益。霍庄村选好产业发展方向，在让利于民、服务群众中寻找壮大集体经济的思路。做好收益的分配，及时采取分红等方式还利于民，让群众切实感觉到发展村集体经济给自己带来的实实在在的好处，让群众自发地爱护、拥戴集体经济。

4. 亮点经验

（1）干部带头

许昌市2016年在建安区的西部打造电商明星村试点。霍庄村"两委"严格按照"四议两公开程序"，经党支部提议、"两委"研究、党员大会和村民代表会议讨论，决定在霍庄村发展"社火道具+互联网"电商示范村，创建村民创业孵化基地。在村"两委"的带领下，霍庄村积极开展党建引领，打造"电商+"村级集体经济发展新模式。全村5名村"两委"干部带头成立生产企业，先后带动近500户群众在"社火"加工产业链中找到自己的致富之道。

（2）网络助力

"互联网+"引导的经济新形态在中国兴起，网络与电商成为霍庄村"社火道具"销售的新渠道。干农活之余，村民们在家点点鼠标、敲敲键盘，既能推介自己的社火道具产品，又能方便快捷地找到买家。几大快递公司在村里设有站点，顺丰、韵达、运通、申通、中通、安能、天天、邮政等的快递小哥从早到晚忙得不亦乐乎，收货、验货、验单、装车，货物每天一车车发往各地。

（3）分工合作

整个村子围绕"社火"这个产业形成了完整的产业链，有农户常年从事服装面料的采购供应，有农户专门从事各种彩球的加工制作，有农户专门从事藤条的采购并供应戏具加工户。全村人忙生产，生活服务更是大事，村里有两家农户专门从事生活服务，超市开得红红火火，满足村民的生活需要。还有几家农户专业从事农机服务，解决了从事"社火"加工的农户收种庄稼的困难，村党支部也及时引导村民向集约化发展，并积极争取上级的有力支持。

（十五）"猪"联"米"合
——河南省焦作市武陟县乔庙镇马宣寨村稻猪产业

河南省马宣寨村盛产优质大米，同时开展生猪养殖，以稻糠喂猪，以猪粪沼肥种稻，形成种养循环的良性发展模式。

1. 基本情况

马宣寨村地处河南省西北部，属素有"豫北小江南"美称的焦作市武陟县乔庙镇管辖，土地肥沃，气候宜人，是传统的黄河灌溉区，拥有得天独厚的稻米种植自然条件，稻米种植历史悠久，品质优良。2010年3月，农业部批准对"马宣寨大米"实施地理标志农产品登记保护。

马宣寨村民风淳朴，环境优美，地处武陟、获嘉、原阳三县交界处，人称"鸡鸣三县"之地，地势低凹，池塘相连，河渠纵横，盛产优质大米和莲藕。全村共有436户，人口2356人，党员56名，耕地2000余亩，辖七个村民小组。近年来，村党支部和村委会领导班子认真贯彻落实党在农村的各项方针和政策，团结带领全村广大党员干部群众，矢志践行初心使命，积极开拓，勇于创新，积极实施乡村振兴，大力发展特色产业，经济建设取得了显著成效，多次受到上级的表彰和鼓励。2014年9月，被农业部评为"全国'一村一品'示范村"。图4-84所示为马宣寨村"漠漠水田飞白鹭"的稻田景象。

图4-84 漠漠水田飞白鹭

2. 产业发展

马宣寨村有两大支柱产业，一是以河南菡香生态农业专业合作社为龙头的优质稻米种植业，二是以武陟县兴前生态养猪专业合作社为龙头的养殖业。

2018年马宣寨村争取并承担了国家农业生产发展资金"一村一品"示范村项目，获得50万元专项资金扶持，按照上级有关文件精神，该资金入股到"一村一品"专业合作社（菡香稻米专业合作社），村集体参与分红。资金主要用于强化人员培训，加强菡香大米特色品牌培育，开展标准化基地建设和产品宣传推介，通过推动合作社发展壮大，带动全村及周边地区特色大米产业的快速发展，促进农业转型发展和农业增效、农民增收。

（1）稻米种植产业

马宣寨村自古以来就有莲藕和稻米间作、混作的传统，藕边有稻，稻田有藕，在黑色的藕泥上种植稻谷，在稻田边上种植莲藕，特殊的土质和传统耕作方式生产出的菡香大米晶莹透亮、藕香绵绵、口味独特。大米蒸煮后，揭锅即能闻到藕荷香味，因此，古称此米为"菡香米"，曾作为贡品受到明朝洪武皇帝嘉许。马宣寨村充分发挥水乡优势，把菡香大米做大、做强、做优，让土地产出比更大，为村里的老百姓谋福创收，走共同致富之路。2006年9月成立了武陟县禾丰绿色稻米产销专业合作社，后更名为河南菡香生态农业专业合作社。目前，该合作社共流转马宣寨村耕地1400余亩，占全村耕地面积的70%，在合作社的带动下，全村稻米产业得到健康、稳定发展。

（2）生猪养殖产业

马宣寨村非常注重生态环境保护，将原来在村内的养殖户全部搬到村外，目前养殖业已初具规模，分为6个养殖小区，年出栏30000头，销售额达8000余万元。

3. 联农带农

马宣寨村为使全村老百姓都能获益，走共同致富之路，2006年9月成立了武陟县禾丰绿色稻米产销专业合作社，后更名为河南菡香生态农业专业合作社。目前，合作社成员由32户增加到现在的319户；土地流转面积从2007年马宣寨村内的200余亩发展到周边村共计4000余亩，其中流转马宣寨村耕地1400余亩，占全村耕地面积的70%；注册资金由3万元发展到1000万元，总资产4700余万元，固定资产2200余万元；固定工作人员60余人，中级以上技术人员15人。2020年实现销售收入8800余万元，利润490余万元，辐射带动农户7千余户。

4. 亮点经验

（1）依托合作社

河南菡香生态农业专业合作社是一个立足当地优势，以科技为先导，以标准化生产为依托，集"产供销、育繁推、产学研"于一体的新型高效农业合作社。合作社按照"依法、自愿、有偿"的政策，实行"集约化、规模化、标准化、产业化"经营。现已成为全国农民专业合作社示范社、全国农民合作社加工示范单位、全国最美绿色食品企业、全国放心粮油示范工程示范加工企业。在合作社的带动下，全村稻米产业得到健康、稳定发展，同时辐射带动周边村的稻米产业发展。

2012年以菡香为龙头，跨两市（焦作市、新乡市）四县（武陟县、新乡县、获嘉县、原阳县）组建河南省首家合作联社——焦作菡香沿黄稻米合作联社，建成标准化生产基地5万余亩。目前又有两个家庭农场（焦作田歌家庭农场、武陟县民丰家庭农场）加入合作联社。生产基地采用统一供种、技术管理、施肥、收割、加工、包装销售的"六统一"经营模式，形成从种植、加工到销售一条龙的质量安全保障体系。

（2）品牌推认证

2007年申请注册"菡香"牌商标，并获无公害农产品认证。2008年"菡香牌"系列大米被认定为绿色食品。2009年"马宣寨大米"被农业部登记为农产品地理标志产品。2010年"菡香大米"获第八届中国国际农产品交易会金奖，同年12月申请注册的"菡香"商标被河南省工商行政管理局认定为"河南省著名商标"。2011年"菡香"牌大米获有机食品认证。2015年9月"菡香"牌大米入选全国百家合作社百个农产品品牌，11月在第十三届中国国际农产品交易会上"马宣寨"大米荣获金奖。2016年1月"菡香大米"入选《全国名特优新农产品目录》，6月获ISO9001质量管理体系认证，9月荣获第十七届中国绿色食品博览会金奖，11月获第十四届中国国际粮油产品及设备技术展示交易会金奖，10月河南菡香生态农业专业合作社被河南省粮食行业协会评为"河南省放心粮油示范加工企业"。2017年4月"菡香大米"入选《河南省知名农产品品牌名录》。2018年11月"菡香大米"荣获河南省知名品牌"产品品牌"，12月于第十二届中国国际有机食品博览会荣获金奖。2019年3月"菡香"大米荣获河南省"我最喜爱的绿色食品"奖。菡香大米除在本省销售外，还销到北京、上海、深圳、山西、陕西等地。

（3）加工求精良

为提升"菡香"系列大米的品质，打造"菡香"大米品牌优势，合作社投资580余万元购置大中小农机具80台（套）。投资600余万元，购进具有国际先进水平的低温大米加工设备，精良的工艺最大限度地保留了大米中的全天然营养成分。同时，投资100余万元购置了一整套先进检测设备，建立了完整的生产、检测、销售档案及追溯制度。先进精良的生产工艺、科学规范的生产流程和严格的检测制度保证了"菡香"系列大米的优良品质，精碾细选出的"菡香"大米颗颗晶润，粒粒精华。

（4）提质靠科技

科研和创新是一个品牌市场竞争力和企业核心竞争力的根本所在。马宣寨村成立了河南省粳稻绿色产业化工程技术研究中心。与烟台大学蛋白质研究中心、河南农业大学、河南师范大学水稻新种质研究所、河南省农业科学院水稻研究所、焦作师范高等专科学校植物研究所等多家科研院所合作，利用合作社的资金、基地和市场渠道优势及研究所的技术、人才和研发条件优势，实现产学研结合，在科研成果转化、设备资源共享、创新人才培训等方面进行全方位合作。

目前，"菡香"水稻新品种生产基地被河南省农业农村厅种子管理站认定为河南省粳稻新品种实验基地、河南省标准化生产基地、河南省科普基地和河南师范大学研究生创新试验基地。2019年10月河南菡香生态农业专业合作社培育的水稻新品种"宏稻59"通过国家审定。2020年4月河南省科学技术厅颁发了国审水稻新品种"宏稻59"科学技术成果证书。在研项目有"特早熟水稻TS63分子遗传研究""新型小粒水稻营养功能研究"和"沿黄优质高产菡香水稻品种示范及推广"三项河南省科技厅项目以及多项地市级科研项目。研发和推广水稻新品种5个，水稻种植新技术5项，水稻管理新技术8项。

（5）养殖"五统一"

马宣寨村有六个养殖小区，养殖业生产模式是养殖合作社+养殖户。养殖合作社为养殖户提供"五统一"服务：一是统一品种，对原有的老品种进行改良；二是统一标准化生产，从畜牧部门聘请专业技术人员，制定生猪生产技术规程和产品质量标准；三是统一防治，聘请畜牧部门专业技术人员，统一预防接种各类疫苗，控制各类传染性疾病的发生；四是统一饲料配方，统一购进玉米、豆粕、维生素等优质原料；五是统一销售。养殖合作社实行规模化、标准化养殖，降低了养殖户的养殖风险，增加了养殖户的养殖收入，极大地提高了养殖户的养殖积极性。

（6）循环种养加

近几年马宣寨村实施生态循环农业，采用种养加复合模式，合作社大米加工生产的副产品稻糠喂猪，猪粪入沼池，沼肥用于种植水稻，生产的稻谷为绿色食品，沼气用于生活做饭、照明等，这样做到了废弃物的减量化排放和资源再利用，大幅降低了化肥、农药、兽药及煤炭等不可再生资源的使用量，从而形成清洁生产、低投入、低消耗、低排放和高效率的生产格局，使整个农业生产步入可持续发展的良性循环轨道，把人们梦想的"青山、绿水、蓝天、生产出来的都是绿色食品"变为现实。

（十六）甜蜜事业
——河南省长葛市佛耳湖镇尚庄村蜂产业

河南省尚庄村以蜜蜂小镇为载体，用心酿造甜蜜事业，推动蜂产业发展，增加农民收入，新农村建设取得良好成效。

1. 基本情况

尚庄村隶属于河南省长葛市佛耳湖镇，距长葛市区10公里，毗邻新郑航空港经济区，西邻京广铁路、107国道，北距京港澳高速新郑入口10公里，交通便利，区位条件优越。全村525户，人口2676人，全村东西长2100余米，南北宽1400余米，占地2800多亩。尚庄村养蜂历史悠久，目前全村蜂产业从业人员2000余人，活跃电商户200余家，年产值4亿元。尚庄村村民传承着中国古老的蜂蜜文化，受到省、市非物质文化遗产机构重点关注和支持。尚庄村村民推陈出新，用现代化的生产方式和工艺，不断推进蜂蜜行业的产业化进程。经过数十年的发展，涌现出一批现代化蜂产品企业，形成一条完整的蜂产品产业链。尚庄村民以蜜蜂小镇为载体，用心酿造"甜蜜"事业，推动了产业发展，增加了农民收入，乡村振兴取得良好成效。尚庄村村党委连续多年被长葛市委授予"五个好"基层党组织，尚庄村被长葛市政府授予"五星级示范村"和"平安村"。

2. 产业发展

（1）传统产业，发扬光大

蜂产业是尚庄村的传统产业，是农业产业化的重要方面。其蜂业发展历史悠久，始于唐宋，兴于明清，盛于改革开放以后，有文字记载的历史就达200余年。近年来，尚庄村借助长葛市大力发展蜂产业的机遇，积极扩大养蜂规模，推进蜂产品加工业提档升级，完善"协会+公司+合作社+蜂农"的发展模式，走组织化运行、标准化生产、品牌化经营的路子，促使蜂产业高效发展，并成为全村的支柱产业。

目前，全村蜂产品企业80余家，规模以上蜂产品企业18家，蜂产品交易额突破3亿元。从业人员2000多人，村民年人均纯收入19658元，比全市农民年人均纯收入15642元高出4016元。

（2）机具制造，独辟蹊径

除蜜蜂养殖与蜂产品加工外，尚庄村的蜂机具制造也日益繁荣，产品有蜂箱、摇蜜机、榨蜡机、熏烟机、巢础、蜂衣帽、瓶具、脱粉器等，产品制造以家庭作坊式为主，年产值超亿元。

（3）龙头带动，集群发展

尚庄村现有省级龙头企业1家（河南卓宇蜂业有限公司），市级以上龙头企业1家（长葛市颐恒健蜂业有限公司）。尚庄村以规模以上蜂产品加工企业为引领，自建养蜂专业合作社8家，对外联建养蜂合作社30多家。同时，长葛市以河南卓宇蜂业有限公司为龙头，组织15家蜂产品加工企业和8家合作社创建了"卓宇星阳"蜂产业产业化集群，并于2016年被河南省政府认定为省级农业产业化集群。河南卓宇蜂业有限公司积极拓展国内市场，在多个大中型城市共设立56个"直营店"，并与北京知蜂堂、四川汪氏蜜蜂园公司等多家国内知名蜂产品龙头企业建立了长期合作关系，长年供应原材料。

（4）电商发力，网络畅销

网络经济拉动了蜂产品行业的快速发展，蜂产品和蜂机具的销售搬到了互联网上。尚庄村从最初几家在"淘宝"的零散式经营，经过全村密集式经营，目前已发展成集生产、加工、销售为一体的"特色淘宝村"，并成为"大众创业、万众创新"的先进典型。尚庄村现有电商户约130户，拥有淘宝店300多家，从事电商人员近1000人。

（5）精深发展，高质高值

尚庄村按照专业化分工协作和规模化经营原则，以卓宇公司为龙头，集中优良资产，着力打造收购、生产、销售完整的"全链条、主循环、高质量、高效益"产业化集群，实现拳头效应，形成蜂产业"航母"，将原料优势转变为市场优势。并已逐步实现由原料型、初加工型向精深加工和综合利用型转变；由单一传统产品向绿色食品、有机食品和医疗保健品领域延伸，并稳步向化工、医药、添加剂等行业拓展。目前，该村有1家企业取得了国家质监局颁发的QS认证（食品质量安全市场准入标志），有3家通过ISO9000国际质量认证，2家正在建立HACCP质量体系（食品安全质量控制体系）。蜂产品品种已形成系列，从小包装蜂蜜、蜂王浆、蜂花蜜到蜂胶软胶囊、蜂胶液等，拥有河南省著名商标2个，省优质产品4个。目前，"长葛蜂胶""长葛枣花蜜"被批准为国家地理标志产品。

3. 联农带农

尚庄村坚持走"公司+合作社+农户"生产经营模式，企业、合作社、蜂农结成经济利益共同体，实现利益共享、风险共担，既可增加农民收入，又有利于原料基地的规范化、标准化优质发展。企业将养蜂生产基地作为蜂业的第一车间，从源头抓起，把好蜂产品质量关，根据市场需求，正确引导蜂农发展生产，并在资金、技术等方面给予蜂农支持和指导，生产各类优质蜂产品，满足市场需要，促进科学化、规模化养蜂。

随着电商户规模扩大，尚庄村由一个封闭的蜂产品生产小村发展为全国蜂产品主要集散地。在这个人口不过千的自然村里，长年从事蜂产品和蜂机具销售的"电商户"约130户，占到村里农户的将近一半，通过电商方式创造的年交易额超2亿元，带动了农民增收。

4. 亮点经验

（1）发挥政策支持

尚庄村蜂产业的发展离不开长葛市的支持。长葛市委、市政府高度重视"一村一品"产业发展工作，坚持产业富村、科技兴村、企业带路的思路，着力培育和发展比较优势明显的主导产品和产业，加大扶持力度，加快推动"一乡一产业、一村一品"的特色经济发展。一是将发展"一村一品"作为提升农民效益、促进农民增收的主要抓手，制定《长葛市蜂产业"十三五"规划》，明确了蜂产品专业村的产业重点、思路目标、主要任务和措施。二是建立起科研服务体系，加大产品科研开发力度，扶持科技研发、技改项目，鼓励企业引进人才，增强自身造血功能。三是建立健全质量安全体系，逐步建立省级、市级、企业三级产品质量检测网络；积极推广标准化生产，提升蜂产品质量，并建立蜂产品溯源体系。四是建立完善信息化网络体系。依托政府网站，集中展示全市蜂产品企业。同时着力扩大融资渠道，加强整顿和规范蜂产品市场秩序。

（2）全链双向发展

尚庄村传承中国古老的蜂蜜文化，打造了完整的现代蜂产业链，主要分为蜂产品和蜂机具两个方向。

尚庄村蜂产品主要以河南卓宇蜂业有限公司、长葛市颐恒健蜂业有限公司两家龙头企业牵头,集中优良资产,着力打造从收购、生产到销售的完整的"全链条、主循环、高质量、高效益"产业化聚集群,产品从单一传统产品向深加工产品转变。全村开展从养蜂、收蜜到蜂产品加工全链条生产,年产值达3亿元。

养蜂同时催生出的蜂机具制造是尚庄村的独门特色(图4-85)。产品主要有蜂箱、摇蜜机、榨蜡机、熏烟器、巢础、蜂衣帽、瓶具、脱粉器等,年产值达1.3亿元。尚庄村被中国养蜂协会命名为中国蜂机具专业村。其蜂机具产品不但畅销全国,还远销韩国、澳大利亚等国家和地区。

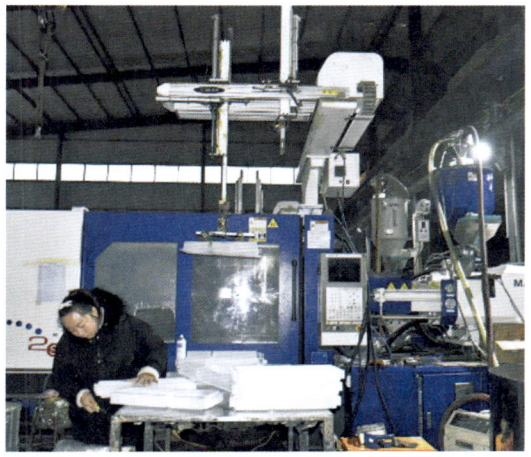

图4-85　蜂蜜厂家蜜蜂自主饲喂器

(3)网络助力电商发力

尚庄村的蜂产业发展全面,有养蜂合作社和养蜂基地,有为蜂农服务而生产的蜂机具,有全国流动的收购蜂蜜、蜂蜡、花粉的经纪人,有加工蜂蜜、蜂胶、蜂蜡、花粉的蜂产品公司,也有蜂产品电子商务和物流配送业务等。所有产品最终都要靠销售实现价值,在"互联网+"的大环境下,尚庄村发展线上销售。从最初的几户零散式经营,逐渐走向全村密集式经营,现在发展成集生产、加工、销售为一体的"特色淘宝村"。

（十七）湖蒿满地"春潮"暖
——湖北省黄石市阳新县兴国镇宝塔村湖蒿产业

湖北宝塔村打响特色农业——"春潮牌"湖蒿特产，因势利导发展湖蒿种植产业，让湖蒿走上餐桌，成为千家万户喜爱的美味佳肴。

1. 基本情况

宝塔村位于湖北省黄石市阳新县兴国镇，宝塔湖蒿是宝塔村的特产。兴国镇宝塔村万亩湖蒿基地生产的"春潮牌"无公害湖蒿远销上海、北京、香港、武汉等城市。

近年来，兴国镇宝塔村始终以脱贫攻坚为抓手，立足资源拓优势，聚精会神强党建，一心一意建产业，在基层党建、产业发展、品牌打造等方面走在全县村级前列，为全县村级发展树立了标杆。宝塔村先后被农业农村部和湖北省、黄石市授予和评为"一村一品"示范村、"双建双带活动示范基地""全市农业专业合作组织优秀单位""全市农产品流通先进单位"等殊荣和称号。

2. 产业发展

湖蒿，也称泥蒿、藜蒿、水蒿等，好生于湖沼地区（图4-86）。20世纪末，随着绿色食品的兴起，过去无人问津的湖蒿逐渐成为餐桌上的珍品，经典菜肴湖蒿炒腊肉甚至享有"登盘香脆嫩，风味冠春蔬"的美誉。宝塔村是湖北有名的"湖蒿村"，湖蒿种植面积现已发展到1.2万亩。2004年，宝塔村"春潮"牌湖蒿通过国家工商总局商标注册，同时获得无公害食品证书。

图 4-86　宝塔村湖蒿

宝塔村仅有2000农户，8000多人口，10个村民小组，但土地资源丰富。在村"两委"带领下，宝塔村因势利导，因地制宜，创新思路，发展湖蒿种植产业，成功走出了一条致富路，让湖蒿走上市民餐桌，成为千家万户喜爱的美味佳肴。

十年来，宝塔村依托富河、网湖优势，加快土地流转，先后建起万亩湖蒿、万亩水产、千亩稻虾连作、千亩蔬菜等产业基地（图4-87），形成了以宝塔湖大道为主轴，富河景观带、网湖休闲观光带为支撑，以精养水产园、素材产业园、社区生态园为主导的"一轴、两带、三园"宝塔湖生态农业示范区整体布局。目前，湖蒿种植面积达1.2万余亩，居湖北省第一位，年产量3000万公斤，实现了亩产1.5万元、户均收入10万元、基地产值1.2亿元"三个一"目标，宝塔村成了远近闻名的"湖北藜蒿第一村"。为了让湖蒿产业能健康有序发展，宝塔村成立了合作社，为湖蒿注册了"春潮"牌商标，并通过了农业农村部农产品质量认证。

宝塔村已经发展湖蒿种植1.2万亩，每亩经济收入2万余元，带动就业几千人。湖蒿价格随着市场浮动，高时能卖40多元一公斤，低时也能卖到1~1.5元一公斤。

图 4-87 宝塔村湖蒿种植基地

3. 联农带农

宝塔村强化党员先锋和支部堡垒作用，按照"把支部建在生产上、把党员聚在产业中"的思路，推行"支部引领、党员带头、群众参与、合作共赢"的发展模式，初步探索了一条农村党建与经济建设结合之路，以基层党建引领乡村振兴之路。目前全村集体经济总收入达1.7亿元。

1989年，阳新遭受千年未遇的洪水灾害，给宝塔村民带来了巨大损失。宝塔村成为省级扶贫重点村和全县社会治安难点村。12名党员干部愿意"探路"，承包种植了

216亩湖蒿，当年就获得成功，亩收入2000多元，比原来种植棉花的收入翻了一倍。在党员的带动下，村里尝试种植藜蒿，取得了空前的效益。过去村民种水稻每亩纯收入只有300元，种棉花也只有600元，仅仅能解决温饱问题。如今，种湖蒿每亩能收入8000元以上。村民纷纷调整结构，由种粮棉转入种湖蒿。宝塔湖蒿很快在武汉、黄石等城市畅销，村民更是取得了很好的经济效益。近年来，宝塔村推行"五统一"措施，解决了村民们思想上的许多难题，即统一规划、统一技术培训、统一设施灌溉、统一生产管理、统一销售渠道，有力促进了村里的经济发展，实现了农民增收、农业增效。宝塔村民20%农户年收入超过10万元，50%农户年收入超过5万元。

宝塔村种植湖蒿已经形成了一定规模，并带动周边村庄种植湖蒿。目前，宝塔村湖蒿生产已初步形成了"公司协会（合作社）+基地+农户"的生产经营机制，走上了产业化经营之路。2009年，该村农业总产值突破亿元大关，其中湖蒿产值达7500万元，人均纯收入比上年增加1000元，达到7000元。宝塔村跃为全县红旗村、先进村和全省社会治安综合治理模范村，被定为省级新农村建设示范村。甚至有村民外包农田种植湖蒿，带动了周边村镇种植湖蒿。

4. 亮点经验

（1）发展合作经营，打造湖蒿品牌

过去由于没有科学的管理方式，宝塔村在湖蒿出售中曾出现村民之间进行恶意竞争的行为，使村民都损失惨重。村党支部一班人通过认真思考，终于找到了问题的症结。要想保证蒿民的权益，保住种蒿热情，就必须合作共赢，利益共享，为此宝塔村开始注册商标，成立专业合作社。2004年，"春潮"牌湖蒿通过国家工商总局注册商标，同时获得无公害食品证书。有了品牌，有了销路，关键是提供组织保证，共同抵御市场风险。2005年，村党总支引导蒿农成立了宝塔村湖蒿专业合作社，有会员300余户。合作社在组织形式上，实行平等自愿，民主管理，相对独立；在生产方式上，实行分散承包，规模开发，统一管理；在分配原则上，实行按劳分配，风险共担，利益共享。目前，宝塔村湖蒿生产已初步形成了"公司协会（合作社）+基地+农户"的生产经营机制，走上了产业化经营之路。随着品牌的影响力扩大，湖蒿市场打开，科学管理模式建立，湖蒿的经济效益随之上涨。

（2）完善基础设施，促进金融扶持

针对宝塔村水、电、路基础设施不配套，尤其是排涝设施不配套的现状，5年来，市、县、镇三级政府共组织投入资金300余万元，兴修了排涝泵站和抗旱泵站，

在基地新修水泥公路5公里，新拉供电线路4.2公里，新开沟渠45公里，使宝塔村的水、电、路等基础设施得到极大改善，有力地促进了湖蒿种植业的发展。

为解决农户生产投资不足的难题，县、镇领导牵头协调，多次请信用社领导亲临基地现场考证，推动农村金融机构的贷款扶持。5年来，信用社共为湖蒿种植户发放贷款500余万元，有力地促进了湖蒿产业的发展。对于湖蒿产业的良好发展势头，农行也加大对湖蒿种植户的贷款扶持，有力地推动了产业发展。

（3）立足绿色农业，树立绿色形象

绿色、环保、安全健康的产品是现代农业发展的必由之路，也是提高产品价值的有效措施。"春潮牌"湖蒿（图4-88）正是以绿色食品为其品牌形象，以健康无害为其宣传特色，按照现在人们追求绿色安全食品为立足点进行发展，使品牌发展势头良好。

图4-88　绿色食品"春潮牌"湖蒿

(十八)通"销"达"蛋"
——湖南省衡阳市衡东县霞流镇李花村禽蛋产业

湖南省李花村立足优势发展禽蛋产业,咸鸭蛋、咸蛋黄、皮蛋等丰富的蛋产品畅销全国。

1. 基本情况

李花村坐落于湖南省衡阳市衡东县霞流镇,总面积5平方公里;辖25个村民小组,总人口2582人;紧临京珠高速公路和京广铁路,紧依湘江河畔,历来水陆交通便利。李花村距省道S315线3公里,到京珠高速公路大浦互通入口4公里,至霞流镇中心区0.5公里,到衡东县城、衡阳市区都只有半小时的车程;同时有县级公路X008线穿境而过,村境内已全部完成水泥硬化并到户。因地处衡阳盆地,属亚热带季风气候,李花村雨量充沛、气候温暖、阳光充足、土地肥沃,村内湖泊、水库星罗棋布,水质优良,具有禽蛋产业发展的自然资源优势。李花村是产粮大村,以水稻、油菜种植为主要农作物,为禽蛋产业发展提供了丰富的饲料原料。

2. 产业发展

李花村立足当地资源禀赋、产业基础等条件,支持壮大特色主导产业,转变农村产业粗放经营方式,力促产业规模化、组织化、专业化、品牌化、市场化发展,着力推动禽蛋产业化发展。目前禽蛋产业已成为李花村的主导支柱产业,主要分为两部分,一是禽类养殖,包括蛋鸭养殖、湘黄鸡养殖,其中蛋鸭品种"攸县麻鸭"为国家畜禽遗产资源保护品种,"湘黄鸡"为本土特色优良的肉用型鸡;二是禽蛋加工,包括咸鸭蛋、咸蛋黄、皮蛋等(图4-89)。有大型禽类养殖基地7个,农民专业合作社2家,家庭农场8家,500羽以上养殖户24家,李花村有禽蛋深加工企业4家,家庭小规模加工户56家。2020年全村禽蛋产业产值超过1.6亿元。

图 4-89 加工出的咸蛋黄

3. 联农带农

李花村牢固树立"创新、协调、绿色、生态、共享"的发展理念，主动适应经济发展新常态，用工业理念发展禽蛋产业，以市场需求为导向，以完善利益联结机制为核心，以机制创新为动力，以新型禽蛋产业经营主体为依托，以禽蛋产业服务业为纽带，推进产业集群发展，构建一二三产业深度融合的现代产业体系，让村民从一二三产业发展的增值收益中分享利润，为禽蛋产业增效、村民增收和农村繁荣，为全面推进乡村振兴提供重要支撑。

4. 亮点经验

（1）三产融合发展全产业链

李花村着力打造禽蛋产业发展全产业链，实现禽蛋产业一二三产业的高度融合。从禽类孵化、禽类养殖（图4-90）、饲料生产、禽蛋深加工到禽蛋制品销售，全部产业环节都在村内完成，拥有禽类疫病防治、厂房建设、设备维护、禽蛋及制品检疫检测、冷链贮藏、物流运输等相关产业经营设施及专业技术团队。龙头企业、农民专业合作社、家庭农场、个体经营者等新型农业经营主体紧密结合，形成利益共享、风险共担的责任共同体、经济体和命运共同体，示范带动小农户共同发展，实现了农户与现代农业发展有机衔接，让村民有更多的获得感，实现生活富裕。

图 4-90　李花村麻鸭养殖场

（2）村社合一培育集体经济

李花村重点培育集体经济，因地制宜发展油茶种植、蛋鸡养殖及深加工，以产业发展为抓手，以增收致富为落脚点，充分发挥新型农业经营主体的带动作用，将李花村党支部建在集体经济产业链上，创新村社合一模式，确立"党支部+合作社+贫困户+村民"模式，由党支部书记任村集体合作社法人代表，村党支部任理事会成员，村委会其他成员+贫困户代表+村民代表任监事会委员，以村党支部（理事会）为主体，领导组织实施合作社的规划、开发、管理、销售、营运，确保实现长效脱贫、产业壮大，为全面实现乡村振兴夯实基础。

（十九）好一朵美丽的茉莉花
——广西壮族自治区南宁市横州市校椅镇石井村茉莉花产业

广西壮族自治区石井村作为"世界茉莉花都"的中心，从多方面入手促茉莉花产业提质增效，让美丽的茉莉花为乡村带来美好生活。

1. 基本情况

石井村位于广西壮族自治区南宁市横州市校椅镇南部7公里处，距离县城10公里，共有1356户、6350人，含党员156名。近年来，石井村通过大力发展茉莉花产业，积极探索乡村振兴发展新路径，石井村因花而美、因花而兴、因花而名，全村环境优美，花香馥郁，先后荣获"全国绿色小康村""全国文明村镇""广西村民自治示范村""广西壮族自治区先进基层党组织"等40多项荣誉称号。

2. 产业发展

横州市是世界最大的茉莉花生产和茉莉花茶加工基地，茉莉花和茉莉花茶产量均占全国总产量的80%以上，占世界总产量的60%以上，享有"世界茉莉花都"的美誉。石井村是横县茉莉花的主产区，是全县茉莉花种植中心和花茶加工中心。近年来，在各级各部门的悉心关怀和全村干部群众的共同努力下，石井村茉莉花（茶）产业取得显著发展。2020年，全村茉莉花种植面积5000多亩，有花农5400多人，年产茉莉鲜花达5000吨，11家花茶企业落户石井，其中规模以上企业4家。石井村在保证茉莉花种植提质增效的同时，坚持"标准化·品牌化·国际化"产业发展方向，大力发展茉莉花精深加工产业，着力强龙头、补链条、聚集群，初步形成茉莉花+花茶、盆栽、食品、旅游、用品、餐饮、药用、体育、康养"1+9"产业体系。

3. 联农带农

针对村集体和村民收入单一、增收渠道有限等问题，石井村通过延伸茉莉花产业链、开展"三变"改革等方式，发展壮大村集体经济，构建长效增收机制，促进村民增收致富。

一是建立产业延伸机制。引导村中能人通过技术创新制作出茉莉花酒、茉莉花糕点等产品，延长了茉莉花产业链，增加了群众收入。

二是建立利益联结机制。5000亩连片的茉莉花标准化种植基地吸引了北京张一元、浙江华茗园等一批国内知名茉莉花龙头企业落户石井村，企业提供的1000多个就业岗位带动石井村村民在家门口实现就业，增加了工资性收入；借助村辖区范围内AAA景区"中华茉莉园"旅游资源，积极发展文旅经济，引导村民参与旅游服务、特色农产品销售等业务，获取经营性收益。

三是建立村级股份合作社参与机制。石井村在完成房屋外立面茉莉花元素风貌改造后，以村级股份合作社为主体建设运营石井商业街，即村民以石井新街临街铺面入股合作社，村级股份合作社通过将其整体打包对外招商，所得收益由村集体经济和村民按比例分红。同时，石井村村级股份合作社联合周边15个村级合作社，通过"村村联建"方式，各出资30万元，合计480万元建设茉莉鲜花交易市场，带动周边共同富裕。

4. 亮点经验

（1）创新土地管理，保障发展基础

石井村针对土地资源利用效率不高、茉莉花种植分散不利管理等问题，通过引导村民土地流转、开展土地综合整治等方式，促进土地资源集约高效利用。一是创新土地流转方式，推动连片标准化种植。推广农户合作型、家庭经营型、企业带动型等土地流转模式，将土地流转给合作社、龙头企业等新型经营主体，发展茉莉花标准化连片种植。例如，"顺来""大森""长海"等茉莉花企业通过土地流转，建成11个200亩以上连片茉莉花标准种植基地，实现了茉莉花种植管理的现代化。二是建立土地整治机制。在石井村开展全域土地综合整治，进行全要素综合整治，连片建设高标准农田，集中盘活存量建设用地，对新农村和产业融合发展用地进行集约精准保障。

（2）构建管理机制，推动标准种植

石井村针对茉莉花种植技术落后、花期短、产量不高以及不规范使用化肥、农

药等问题，通过推广种植新技术、开展标准化水肥一体管理，推动茉莉花产业绿色生态发展。一是建立技术推广机制。依托建于石井村辖区内的广西首个"茉莉花专家大院"，采取"专家+基地+农户"的方式，聘请专家定期对花农进行面对面的指导，将专家课堂理论授课与基地实用技术培训二者结合，推广应用最新茉莉花种植技术。二是建立标准化种植机制。推广"公司+农户+基地"和"合作社+农户"的管理模式，让公司带领小农户实现现代化的种植管理和保价收购，让合作社带领分散农户变粗放管理为统防统治，大力推进茉莉花标准化种植基地建设。目前，石井村已建成5000亩水肥一体化标准种植基地，按照标准种植的茉莉花花期可延长1~1.5个月，每亩可增产约100公斤。

（3）推进"三变"改革，促进高质发展

石井村深入贯彻新发展理念，聚焦质量、效率、动力"三大变革"，依托创建国家现代农业产业园，以建设全国特色小镇为发展平台，使石井村茉莉花产业向更高质量发展。

一是以质量变革提升价值链。以石井村茉莉花为主导产业的横州市现代农业产业园（图4-91）通过国家现代农业产业园验收，以石井村为核心的校椅茉莉小镇成功入选第二批全国特色小镇，为茉莉花产业提档升级搭建了平台。推广茉莉花标准化连

图 4-91　茉莉花国家现代农业产业园

片种植，已建成5000亩水肥一体化标准种植基地。实施现代化种植管理，为茉莉花产业提质提供了条件，如图4-91所示。研发使用"数字茉莉"平台，实现茉莉花产品质量溯源，严格把关质量安全，使茉莉花生产质量安全关键技术到位率、病虫害统防统治覆盖率、茉莉花茶质量抽检合格率均达到100%。严格的监管为茉莉花产业提质提供了保障。

二是以效率变革延长产业链。石井村引进北京张一元、浙江华茗园、台湾隆泰等花茶行业巨头落户，培育壮大周顺来、春之森等本土企业，现有11家花茶企业，其中规模以上企业4家，为茉莉花产业高效发展打下主体基础。着力打造茉莉花+花茶、茉莉花茶精加工、盆栽、食品、旅游、用品、餐饮、药用、体育、康养"1+9"产业体系，为茉莉花产业高效发展补齐链条。

三是以动力变革打造供应链。石井村一方面稳固线下销售渠道，通过"抱团发展"模式，联合其他村级股份合作社整合资金480万元，建设茉莉鲜花交易市场并委托市国有资产平台公司经营管理，茉莉花鲜花日均交易量达20万斤。另一方面拓展线上销售渠道，依托横州市作为全国电子商务进农村综合示范县优势，积极借助本地电商企业、村级服务站销售茉莉花（茶）产品。目前，石井村正在与中国邮政横州市分公司合作试点推荐"快递进村"工程，推进"代投、代运"业务，助推花茶产品"走出去"。

（4）狠抓乡村治理，提升乡风村貌

为提升乡村治理能力，石井村以推动自治、法治、德治"三治"融合为抓手，努力构建基层社会治理新格局，打造"村在花中、花在村中"的美丽宜居新家园（图4-92）。

一是构建乡村自治机制。实行"一组一会一社"协商制度，坚持村党组织引领，户主委员会决议，将户主委员会决议通过的事项和经联社执行的结果进行公示，接受村民的监督评议，调动了群众参与自治的积极性。依靠"一组一会一社"制度，石井村创新"三级四类"垃圾处理方式并形成"八级联动"长效机制。先后筹资3000多万元开展人居环境整治，实现对房屋外立面茉莉花元素改造，村中道路硬化、亮化，污水净化，房前屋后绿化，村中环境美化，公共设施配套齐全，村庄面貌焕然一新。

二是构建乡村法治机制。石井村党支部坚持抓党建促平安的工作思路，充分发挥党组织的战斗堡垒作用，在实行"门前三包"、收缴保洁费等村级事务中，通过召开"两委"、经联社主任、村民小组长会议，统一思想，把上级政策讲明，把群众利益讲透。近年来，石井村实现矛盾纠纷逐年下降。

图 4-92 石井村村貌

三是构建乡村德治机制。不断完善村规民约，规范村民日常行为。设立志愿服务站并成立四支志愿服务队，100 余人常年开展志愿服务活动。开展"美丽大嫂""文明家庭""十星级文明户""身边好人"等系列评比活动，广泛宣传先进典型。组建 12 支乡村文艺队，开展联欢晚会、壮族歌舞、广场舞比赛、全民健身跑、好书籍阅读等群众喜闻乐见的文体活动，丰富群众精神文化生活，将文明新风潜移默化地融入群众生活。

（二十）"苗"绘新生活
——广西壮族自治区钦州市灵山县武利镇汉塘村果苗产业

广西壮族自治区汉塘村带动村民广种果苗，发展电商销售果苗，以果苗产业描绘出农村美好新生活。

1. 基本情况

汉塘村位于广西壮族自治区钦州市灵山县武利镇西北部，东接长岗村，南邻教塘村，西接伯劳镇，北接竹坡村，距镇政府驻地12公里，距灵山县城35公里，交通便利。全村占地面积约3.5平方公里。该村共有13个村民小组，10个自然村。全村现有耕地面积2899亩，林地9350亩。该村农民经济收入来源主要以种植果苗、荔枝、龙眼、香蕉、水稻及劳务输出为主。

近10年来，汉塘村利用电商销售果苗，建成"灵山县农村电商第一村"。全村有200多家卖果苗的网店，年销售额达1.6亿元，年人均可支配收入高达7万元。

2. 产业发展

（1）青年返乡

10年前，利用电商销售果苗悄然在汉塘村兴起。在黄忠文等一批致富带头人的带领下，全村涌现出一群懂得运用电脑从事网上销售的年轻群体。"过去外出打工的人都回来了"，村里许多农户盖起了小洋楼，买了洗衣机、电冰箱、液晶电视、空调等家电，有的还买了过去看来可望而不可即的"奢侈品"小轿车。

（2）远销海外

汉塘村利用"互联网+"这一模式，通过电商手段，成功地将自己所种的果苗远销云南、广东、四川、中国台湾等地区及越南、日本、马来西亚等国外市场。

(3) 项目拉动

通过建立"灵山县农村电商第一村",开展灵山县瑞基置业·珀逸雅苑电商城项目建设,规划200多亩的花木基地等举措,不断扩大电商特有优势,结合"公司+互联网+农户"模式,带动果苗、荔枝等特色农产品走上"电商快车道"。

(4) 带动周边

汉塘村苗木产业发展成功带动周边竹坡、教塘、安金等14个行政村发展苗木产业,总规模达7000亩以上,其中有100多户脱贫户参与苗木产业种植,面积共10.5公顷,亩产值约8万元,经济总收入达1200多万元。带动全镇培育淘宝户300多户,果苗销售网店400多家,从业人员近760人,带领523人找到了脱贫致富新路。汉塘村于2019年荣获农业农村部授予的"第九批全国'一村一品'示范村镇",2020年汉塘村所在的武利镇荣获农业农村部授予的"第十批全国'一村一品'示范村镇"。

(5) 联动全产

通过水果苗木培育和销售,聚集资源要素,还带动了接穗和砧木交易、育苗雇工、起苗与包装、农村电子商务(图4-93)、交通运输业、餐饮住宿等行业蓬勃发展,延长了产业链条,健全了利益联结机制,推动武利镇农村一二三产业融合发展,为全面建成小康社会、乡村全面振兴提供了有力支撑。

图 4-93 灵山县武利镇果苗电商交流中心

3. 联农带农

汉塘村为满足热带区域水果苗木规模化发展的需要，鼓励农民进行土地流转，从启动资金、规模用地、技术指导等多方面大力扶持苗木产业，苗木种植面积不断扩大，苗木基地建设标准高、进展快（图4-94）。积极打造电商主体，推广"公司+合作社+基地+农户"的管理运行机制，通过线上销售获得订单，再按苗木种类、数量从各农户中优化配货。售后收入实施"保底收益+按股分红""公司+合作社+农户+保底价+市场二次连动"的"二次分红"方式，以及"土地流转优先返聘"等利益连接方式，逐步完善"六金一利"模式——订单农业有"订金"、基地就业有"薪金"、土地流转有"租金"、承包管理有"酬金"、超产分成有"奖金"、风险防范有"基金"、参股经营有"红利"，创新与健全小农户与现代农业的有机衔接机制，保证农民持续稳定增收。苗木产业不但让当地繁育种苗的农民致富，还带动一批经纪人和专门从事起苗、栽树的农民发"苗木财"，为特色水果苗木产业发展奠定基础，水果苗木产品实现从常规低端产品向特色中高端产品升级。

图 4-94 汉塘村苗木示范基地内工人们在忙着整理果苗花卉

4. 亮点经验

（1）组织引领，政策支持

各级党委政府加大指导力度，指导建设和完善农村电商公共服务体系，进一步推动农村电子商务加快发展，培育市场主体，构建农村现代市场体系，推动农村电子商务成为农村经济社会发展的新引擎，及时宣传优惠政策，优化服务、加强监管，为电子商务在农村的发展创造开放、包容、公平的政策环境。

（2）能人带头，成长壮大

汉塘村创业致富的典型代表黄忠文回顾过去9年的返乡创业历程，感慨道：刚开始返乡开网店卖果苗，遭遇亲人反对，几乎没人理解，生意进入快速发展期，追不回货款，被泼一盆冷水。与不理解、挫折、困难等相伴的是，黄忠文克服困难，通过网店把过去仅能在地摊出售的果苗卖了出去，并创建了广西三好农业发展有限公司。2020年，黄忠文在武利镇安金村茶山岭（二级公路旁）新建种苗繁育基地，占地50亩，拥有办公楼、电商销售区、培苗大棚、智能自动喷淋果苗设备等。在大数据平台基础上，积极推动大数据创新应用和推广，把数字化服务拓展到果树技术推广、水果技术服务等领域，极大地推进了汉塘村电商果苗产业的发展。

（3）顾客至上，全程服务

汉塘村农户拥有丰富的苗木种植培育技术和经验，常年培育各种无病虫、健壮的优质果苗，植株成活率高、生长快、结果早、产量高。近年来，通过采取"基地+农户+电商"经营方式，在抖音、快手、今日头条、淘宝直播上采用自媒体视频方式，广泛开展宣传推广和技术服务。黄忠文育苗基地、钦绿果苗、盈众果苗等市场主体引进的高端新品种、优质品种深受种植户欢迎，产品远销广东、云南、四川、海南、福建、贵州等省份及越南、黎巴嫩、泰国、缅甸等国家。

（4）产业带动，脱贫致富

果木苗培育是汉塘村的传统产业，为了做好产业巩固脱贫攻坚成果和推进乡村振兴工作，做大做强果木苗产业，汉塘村全力打造全国热区水果苗木"一村一品"。全村组织带动全镇贫困户参与苗木产业种植，贫困户从业和就业人员达368人，贫困户参与种植生产水果苗木面积共10.5公顷，亩产值约8万元，经济总收入达1200多万元。如今水果苗木产业已成为巩固脱贫攻坚成果、稳定致富的新路。

（二十一）千树万树梨花开
——重庆市永川区南大街街道黄瓜山村多产业融合

重庆市黄瓜山村围绕梨产业发展多产融合，"千树万树梨花开"的盛景为村民带来丰收的硕果，带来美好的生活，带来乡村的振兴。

1. 基本情况

黄瓜山村位于重庆市永川区南郊，黄瓜山山脉中段，因所处山形酷似黄瓜而得名，隶属永川区南大街街道办事处，由原五个自然村合并而成，距永川城区7公里，距重庆市主城63公里。幅员面积20.08平方公里，人口6510人，2059户，38个村民小组。党员177名，村党委下设果业、旅游、企业、农业、产业园共5个党支部，31个党小组。以特色水果、乡村旅游、现代农业三大产业为主导产业，盛产黄瓜山梨、大米、生姜、花生、萝卜等优质农产品，有"中华梨村"的美誉。2020年村集体经济年收入80余万元，农民人均纯收入24800元。黄瓜山村先后被评为"国家新农村建设科技示范村""全国生态文化村""全国文明村""全国美丽宜居村庄""全国改善农村人居环境示范村""全国科普惠农兴村计划先进单位""全国乡村旅游重点村""全国乡村治理示范村""国家森林乡村""全国乡村特色产业亿元村"。

2. 产业发展

黄瓜山村自然条件优越，自古人杰地灵，山美水秀。近年来，在永川区委、区政府的领导下，黄瓜山村确立了统筹城乡发展、打造乡村旅游的特色发展思路，通过政府引导，企业介入，农民主体，探索出一条"大集体+大集团，村企互动""一产+三产，产业联动"的新路子。建成"春可赏花、夏可品果"的六万余亩百里果乡农业观光园（图4-95），打造了国家AAA级旅游区桃花源、黄瓜山省级森林公园等规范化景区，年均接待各地游客达90余万人次。

在空间布局上，黄瓜山村按照"产业兴旺、生态宜居、乡风文明、治理有效、生活富裕"的乡村振兴战略总体要求，结合实际，以"1115"思路推进农旅融合发展，即：一心——中华梨村核心区，重点围绕打造乡村旅游的核心区建设（图4-96）；一带——纵贯全村S545主干道，重点围绕提升村容村貌，布局多个精品农业园，打造乡村振兴示范带建设；一环——环绕全村两边山崖公路，重点围绕加强基础设施建设，打造观景平台，东眺卫星湖碧波，西观万亩良田，看日出、迎晚霞，俯瞰乡村美景；五片——重点围绕现龙片区主要发展名特优水果、兰家片区主要发展乡村旅游、八角

图 4-95　春季梨花开满山

图 4-96　中华梨树

片区主要发展矿山企业、双楼片区主要发展精品农业、高新片区主要发展其他产业园建设。

特色产业主要包括梨、葡萄、草莓、猕猴桃等特色名优水果，生姜、萝卜等特色优质蔬菜。2020年全村总收入4.3亿元，其中特色农业年产量1.26万吨，产值2.1亿元（其中：梨子4300亩，产量7500吨，收入3000万元；猕猴桃400亩，产量400吨，收入1200万元；生姜500亩，产量1500吨，收入1500万元；萝卜600亩，产量1200吨，收入360万元）；乡村旅游年接待100万人次，收入1亿元。

3. 联农带农

黄瓜山村的农业特色产业多样，使村民可以依据自身条件和兴趣，各显其能，发挥所长，多渠道获得产业发展带来的经济效益。同时，黄瓜山村为保证"一个不掉队"，走共同富裕之路，大力推进"三变"改革，探索组建了农村集体股份经济联合社。以永川"三变"改革先行试点为契机，通过全面清产核资、据实确认成员身份、人地结合设置股权、成立"三会"完善法人治理等，率先完成了农村集体产权制度改革，成立了永川区第一个农村集体股份经济联合社——黄瓜山村股份经济联合社。集体收入由原来负债20余万元到现在结余300多万元，原来远近闻名的穷山村变成了享誉巴渝的"全国农业旅游示范点""全国'一村一品'示范村镇""全国文明村""全国美丽宜居村庄"。全村农民人均年收入达到2.48万元。

4. 亮点经验

（1）以梨为主，多种种植的农业基础

黄瓜山村有一棵几百岁的"梨树王"，是"中华梨村"的老祖宗，村里生产的黄花梨独具特色，因此形成了全村以梨为主、多种种植结合的农业特色产业格局。

种好一棵树，带动一片园，"中华梨村"特产特优。一是20余年不遗余力种好一棵树——黄瓜山早熟梨（图4-97），流转土地7700余亩，建成梨基地4300亩。形成了以黄瓜山村为核心区域、黄瓜山早熟梨为主打品牌的百里优质水果长廊。二是持续打造"花果山"，建成猕猴桃园、百花园、梨母本园、怡园花田、大红花油茶等13个产业园，实现了从"一枝独秀"到"百花争艳"，从"一果压枝"到"百果满山"的转变。三是依托独特的土壤、气候及生态资源优势，培塑黄瓜山生姜、黄瓜山萝卜、黄瓜山大米、川东花生等黄瓜山特色品牌，并推动梨、生姜、萝卜等产品的深加工，形成了以黄瓜山早熟梨为带动的品质原乡生态产品体系齐头并进的发展格局。四是建立农产

图 4-97 黄瓜山早熟梨

品质量追溯、品牌价值提升、市场网络营销体系，打造"智慧乡村"。成立黄瓜山特色农产品营销中心，线上线下销售黄瓜山梨、生姜等各类农特产品，使当地微商经济快速发展。

（2）以花为先，多点多线的旅游集聚

依托一座山，做亮休闲游，"乡村时光"品牌凸显。一是借农业做活"花经济""果经济"。结合梨等各种水果种植，每年春办"赏花节"秋设"采果节"，扩大黄瓜山乡村旅游知名度和美誉度。二是靠天然打造旅游"聚集地""热源地"。依托本地天然地貌优势，打造穿岩洞、董家岩洞、象鼻嘴、虎头山、情人谷等旅游景点17个。三是完善旅游配套。规划乡村旅游线路6条，建成桃花源、梨院民宿、诺思农庄、廖氏好客农庄等旅游接待单位49个。新建旅游公厕19座，旅游步道163公里，旅游环线公路28.8公里，建成游客接待中心和旅游产品销售中心。目前，黄瓜山村已基本形成春可赏花、夏可探幽、秋可采果、冬可养生的"乡村时光"品牌，年游客接待量超过100万人次。图4-98所示为黄瓜山村旅游核心区的"中华梨村"大门。

（3）以村为本，整洁美丽的村容风貌

建好一个村，打造示范版。一是升级基础配套。整治山坪塘353口，安装太阳能路灯1096盏，天然气、自来水实现全覆盖。公路硬化93.67公里，环山公路建设28.8公里，连通断头路，硬化人行便道163公里，全村建成一环三纵三十六横的交通网络体

图 4-98 "中华梨村"大门（乡村旅游核心区）

系。二是整治人居环境。保证全村无散养、无滥垦、无滥伐现象；建设垃圾分类试点，建设居民生活污水集中处理点和污水处理厂，全覆盖实施"厕所革命"，实施"三清一改"村庄清洁行动等。三是提升重点景观。坚持整治升级并重并进，以景观设施、景观绿化升级为主要内容，升级入口景观、沿线绿化；以景区风貌、农户院落风貌、特色民宿打造等为主要内容，升级中华梨村核心区。四是绿化山村庭院。利用全村可绿化的土地种植金丝楠木、油茶等苗木11万株；复耕复绿废弃矿山地和荒山荒坡田边土角200余亩，全村绿化率达85%；在全区率先启动全民庭院绿化美化工程，向每户农户免费发放杨梅、桂花、三角梅、石榴、黄桷树等院落绿化苗木30多个品种，指导栽种19余万株院落绿化苗木，"家园"变"花园"正在成为现实。五是升级服务配套。推进黄瓜山便民服务中心建设，构建游客接待中心、特色农产品营销中心、便民服务中心"三中心"服务体系。

（4）以文为蕴，多情多彩的文化内涵

为提升乡村旅游文化内涵，破解"一花看十年"的瓶颈，黄瓜山村以梨文化、农耕文化为重点，植入乡愁元素、乡贤元素、非遗元素等，打造多情多趣、多姿多彩的魅力梨乡。

唱响一首歌，讲好一本书，"多情乡村、魅力梨乡"。一是组织创作了永川第一首村歌——《黄瓜山村之歌》，并荣评全国优秀村歌，展现了黄瓜山人昂扬向上、奋力赶超的精神面貌。二是组织编纂永川第一部村志——《黄瓜山村志》，并成功入选中国名村志文化工程；出版了永川第一本村级历史文化故事集——《神奇的黄瓜山》，生动的历史和有趣的传说塑造了黄瓜山村的多面魅力。三是丰富村民文化生活，组建永川首个村级农民艺术团——"黄瓜山村圆梦艺术团"，举办村级全国性文艺大赛——"美丽黄瓜山·中华梨村杯"全国有奖征文和摄影大赛，公开征集村徽，新编传唱《黄瓜山村村规民约》三字经。四是评选乡贤，培育礼贤尚德之风。推动乡贤评理堂建设，充分发挥新乡贤在基层自治中的积极作用。五是挖掘传承非遗文化。挖掘辖区非物质文化遗产"川东花生"制作工艺，入选重庆市级非物质文化遗产名录。

（二十二）"做"享其"橙"
——重庆市奉节县永乐镇大坝村脐橙产业

重庆市大坝村围绕奉节脐橙种植，做大做强产业，使村民享受到脐橙带来的效益，享受美好生活。

1. 基本情况

重庆市奉节县永乐镇大坝村位于奉节县长江南岸、四川盆地的盆东山地，四面青山环抱，沟壑纵横，平均海拔700米，拥有丰富的林地资源。所在地区日照长、温湿度适宜，拥有脐橙生长的绝佳条件。有"南国嘉果"美誉之称的"奉节脐橙"出产以来先后获得"重庆名果""重庆名牌产品"等诸多荣誉。大坝村距县城城区5公里，与奉节县城隔江相望。全村幅员面积21平方公里，辖7个村民小组，1356户4345人，脐橙种植面积1.2万亩。大坝村的脐橙种植规模大、品质好、技术强。2019年大坝村荣获"全国'一村一品'示范村镇""重庆市美丽宜居乡村"称号；2020年获得"全国乡村特色产业亿元村""重庆市绿色示范村"荣誉称号。

2. 产业发展

奉节脐橙有悠久的历史，杜甫寓居奉节留下了"园甘长成时，三寸如黄金"等经典的赞誉。大坝村无工业污染，有三峡河谷长日照、中等空气相对湿度的环境优势，是奉节脐橙的主产基地之一。

大坝村脐橙种植面积1万余亩，人均种植约2.5亩。全村1037户有957户从事脐橙产业发展，从事主导产业户数占92.3%，从事主导产业人数占64.7%。现全村脐橙年销售额超1亿元，农民年人均收入约2万元。

大坝村内红翠脐橙有限公司为市级农业龙头企业，重庆耘播农业、奉节俊硕农业为两家县级农业龙头企业，有农民专业合作社十余家。辖区内龙头企业和专业合作社以划分区域的方式为农户免费提供脐橙种植技术培训，免费发放农资。2018年重庆耘播农业、奉节俊硕农业两家公司分别实施了750亩有机肥替代化肥项目，为200余户农户免费发放有机肥共计800余吨，全村农户全部入企入社。

3. 联农带农

大坝村充分发挥经营主体带动优势，引导龙头企业、合作社带动农户发展脐橙产业。村内由龙头企业带动，农户专业合作社参与，成立脐橙种植联合体，全村农户入企入社率达100%，逐步实现整体标准化种植、统一销售。村里充分发挥企业、合作社示范作用，引导农户开展脐橙产业提质增效，不断提升产业化水平，最终形成特色产品和产业集群。县、镇、村各级政府对脐橙产业发展协调一致、齐抓共管，发挥整体合力，为大坝村脐橙产业发展和经济社会进步起到关键作用。

4. 亮点经验

（1）发挥政策优势

奉节县全面贯彻党的十九大报告精神，认真落实重庆市委市政府对全市乡村振兴战略实施要求。大坝村作为产业振兴的示范村，前期开展了全村整体规划，以"奉节脐橙"产业为中心，发展橙旅融合农业园区（图4-99），加快农村基础设施和公共服务配套建设，全面提升农民综合素质，全面推进美丽乡村建设。

图 4-99　大坝村脐橙种植

（2）加强组织领导

一是加强组织领导。成立由村委会主任任组长，其他干部为成员的"一村一品"工作领导小组，加强工作协调。二是广泛宣传，营造氛围。利用本地资源优势，通过标语、群众大会等形式宣传"一村一品"发展模式，激发干部群众广泛参与的积极性。

（3）发展农旅结合

大坝村利用独特的自然生态资源，大力发展以特色山地、峡谷为"农业+旅游"发展基点的村域生态旅游，并丰富观光农业内容，细分类型，充分发挥农业多功能性。完善旅游服务配套设施，整体布局上分散与集中相结合。通过交通线串联起不同特色旅游节点形成特色乡村游线，从而为游客提供丰富的观光体验。

根据旅游片区功能规划将旅游线分为：田园休闲游、橙园观光游、山地体验游、森林养生游。结合规划旅游片区及自然地形地貌形成各具特色的旅游项目，包括天然氧吧、原始森林体验、特色水果脐橙种植基地观光、花卉观赏等。通过开发大坝村脐橙产业，实现旅游资源转化，再通过丰富的乡村旅游内容吸引更多目标顾客，带动当地经济发展。

（二十三）葡萄架下
——四川省眉山市彭山区观音街道果园村葡萄产业

四川省果园村将壮大产业、致富群众放在突出位置，以"种中国最好葡萄"为目标，大力培植发展葡萄产业。

1. 基本情况

果园村位于四川省眉山市彭山区观音街道，面积6.09平方公里，辖11个农业社、2344个农户，总人口7066人。果园村是典型的深丘陵地貌，是清水河支流的发源地，黑龙滩南干渠从南至北沿山脚流过，拥有丰富的石灰石资源。近年来果园村着力打造"一村一品"，由开发矿产资源向生态友好型产业转变；以新农村建设为载体，发展葡萄产业的同时，人居环境不断改善。

果园村地处四川省五星级现代农业产业园区、岷江现代农业示范园万亩特色葡萄基地核心区域，先后荣获"国家葡萄产业技术体系综合实验站示范点""全国乡村治理示范村""全国乡村特色产业亿元村""四川省乡村振兴示范村"等荣誉称号。

2. 产业发展

2000年前后，果园村党支部开始动员村民发展葡萄产业，由村干部和党员率先示范，小面积种植，看到效益后，村民纷纷效仿种植。小面积、分散化种植难成气候，聚人心、善创新，这才是多年来果园村葡萄产业发展壮大的秘诀所在。2015年5月，果园村按照专业合作社、家庭农场、农业龙头公司、回乡创业等分门别类设置了7个党支部、10个党小组。村里的193名党员在不同的党支部中担任包括了解民意、技术指导、产业规划等不同角色，率先垂范，以身作则，实现"党建引领强产业，干群齐心奔小康"的目标。

近年来，果园村把壮大产业、致富群众放在突出位置，以"种中国最好葡萄"为目标，大力培植发展葡萄产业。现种植"阳光玫瑰""美人指"等20余个葡萄品种

图 4-100　果园村不同品种葡萄种植

（图4-100），面积7500余亩，亩均产值达3.5万元以上，年产值2.6亿元以上，全村农民年人均纯收入3万元以上。

2020年的果园村，大部分村民都从事着与葡萄产业相关的工作，全村形成了一条从葡萄种植、管理到销售等环节的完整的生产链。有的村民还承包了外村土地种植，四川彭山区有3万亩葡萄园，其中60%是果园村村民在种植。同时，果园村葡萄栽培技术实现了标准化，温度监控仪、粘虫板、杀虫灯、捕虫器等绿色手段广泛运用，被评为国家葡萄产业技术体系综合实验站示范点。果园村的葡萄种类更新换代达到200多种，在村委会的带动下，很多葡萄园还引入了生物防控、有机种植，发展成集农业、观光、采摘为一体的农家养生乐园。

近年来，果园村先后获得了"全国先进基层党组织""全国'一村一品'示范村镇""国家葡萄产业技术体系综合实验站示范点""全国乡村治理示范村"省级"四好村""四川百强名村""四川生活富裕村"和"2019年度四川省实施乡村振兴战略工作示范村"等荣誉。

3. 联农带农

2021年，果园村凭借葡萄产业，全村农民年人均纯收入达3万元以上，是10年前的6倍，是种植葡萄以前的15倍，村集体经济增收达40万元。为降低种植成本，节省中间环节费用，果园村组建"自强葡萄专业合作社"，为全村700多户种植户提供滴灌、反光膜、天膜等农资服务，以平价销售给种植户，为种植户每亩节约成本800~1000元，同时也实现了村民集体增收。

4. 亮点经验

(1) 党建引领带农户

近年来，果园村党委坚持党建引领，发挥支部、能人、政策带动作用，精准结合产业需要，按照专业合作社、家庭农场、农业龙头公司等分类设置6个党支部，增强党组织凝聚力，服务壮大产业发展。

党员干部示范引领。在确定葡萄作为果园主导产业后，村社党员干部带头种植葡萄，通过邀请农业部门技术员、科研院校专家指导，不断提高种植技术，在取得明显经济效益后，再发动、培养其他党员和农户大面积种植，为村民树立起"风向标"。

支部入社组织引领。村党委牵头领办果园村葡萄协会、自强葡萄专业合作社、金果专业合作社，将党的组织优势融入产业发展中，牵头为农户提供农资、农技、劳务、销售等服务。既提升基层党组织领富带富能力，又为巩固拓展脱贫攻坚成果同乡村振兴有效衔接提供强有力的组织保障。

(2) 土地流转控规模

果园村在发展葡萄产业上并没有一味追求规模越大越好，而是坚持"大园区小业主"生产模式。在引进葡萄产业业主方面，村党委始终坚持一般业主30～50亩、企业不超过200亩的原则进行土地流转，有效规避了种植风险，提高了种植效益，并设立土地流转服务代办点，为想种葡萄、要种葡萄的人提供土地租赁流转服务，解决土地难协调问题。图4-101所示为果园村葡萄种植基地情况。

图4-101 果园村葡萄种植基地

（3）创新驱动提效益

通过品种引进试验、生产管理技术试验，不断推广符合市场需求的优新品种和葡萄提质增效标准化生产管理技术，提升葡萄种植效益。在种植技术上，果园村建立新品种研发基地，使用智慧化灌溉设备、智慧化监测系统、智能化卷膜系统等科技设备，实现手机App随时随地掌握葡萄的生长情况，保证正常生产管理，确保葡萄的甜度和口感。借助项目实施，在新品种引进、钢架大棚、水肥一体化、智慧灌溉等方面进行奖补，有序推进产业提档升级，促进增产增收。在技术培训上，为方便农户学习种植技术，节约学习成本，通过开办田间课堂、网上课堂等方式，组织8名高校专家、32名乡土人才开展"线上+课堂+田间"相结合的技术培训模式，有效提升农户种植水平（图4-102）。

图 4-102 果园村葡萄种植技术培训

（4）三大支持促发展

一是资金支持。协调农村信用合作社、中国邮政储蓄银行、中国农业银行等5家银行，提供土地经营权抵押贷款、信用贷款、贴息贷款等服务，为种植户解决生产资金短缺问题。协调中国人寿财产保险公司为7500亩的种植户承保，解决种植户的后顾之忧。截至目前，已累计完成贷款3.5亿元。

二是技术支持。设立"专家大院"，先后与四川农业大学、四川省农业科学院等建立战略合作，开展新品种、新技术试验示范推广。实现栽培模式由露地到避雨温室，栽培架形由篱架到V平架，品种类型由有核品种当家到无核优质品种为主，生产模式由传统小农户到现代新型经营业主转变，由简单人工管理逐渐引入数字化、智慧化管理技术。

三是品牌支持。2015年"彭山葡萄"获得国家地理标志产品保护，现已连续举办十二届葡萄节，不断加大彭山葡萄宣传力度。彭山区农业农村局组织葡萄业主参加全国葡萄学会年会，并选送优质葡萄进行参评，获金奖11个。果园村葡萄产业已成为彭山特色农业最亮的"金字招牌"。

（二十四）"农家乐"先行者
——四川省成都市郫都区农科村休闲农业

四川省农科村是我国第一家农家乐的开设地，近年来通过村集体和公司提档升级，休闲农业产业不断发展壮大。

1. 基本情况

农科村位于四川省成都市（郫都区）西部，东距成都市区20公里，西邻都江堰市30公里，是西汉大儒扬雄故里。全村幅员面积2.6平方公里，耕地面积2400余亩，辖11个合作社，771户，人口2497人，人均耕地1亩，花木种植面积2300余亩，核心景区占地800余亩，被美誉为"鲜花盛开的地方，没有围墙的公园"。

农科村特色产业为"农家乐"旅游，起源于20世纪80年代，是我国第一家农家乐的开设地。农户利用自家川派盆景、苗圃的优势，吸引市民前来吃农家饭、观农家景、住农家屋、享农家乐、购农家物。城里人休闲至农科村，品尝农家风味佳肴，感受自然风景民情，返璞归真，回归自然，其乐融融。

2. 产业发展

1986年，农科村成立了我国第一家农家乐，开创了乡村旅游业和新农村建设新模式。农家乐发展经历了初创期、发展期、巩固期、跨越期四个阶段，农科村先后荣获"中国农家乐旅游发源地""国家AAAA景区""全国农业旅游示范点"等荣誉称号，获得四川省唯一"全国美丽宜居村庄""成都市首批特色示范镇"、成都市50家休闲农业乡村旅游目的地等殊荣，被列为农业农村部农村实用人才培训基地和全国农家旅游服务业标准化试点单位。农科村以花卉苗木和农家旅游为主导产业，目前全村共有农家乐接待户32户，其中，星级农家乐8家，包括以徐家大院为首的五星级乡村酒店2家；以临水轩休闲庄为代表的四星级乡村酒店3家。图4-103所示为农科村现状。

第四章 乡村特色产业"十亿元镇亿元村"典型案例

图 4-103　农科村风貌

3. 联农带农

农科村景区以观光、休闲、体验、赏花为主要特色，2020年接待游客175万人次，旅游收入1.2亿元。

农科村因地制宜，坚持"建改保"相结合，注重"小规模、组团式、微田园、生态化"建设细节，注重村庄规划，改善村落布局，进行科学合理的民居住房设计，保证全村所有村民都有安全住房，提高全体村民的生活质量。新建住房明亮通透，生产生活用房分区合理、布局协调，房屋质量高，每家农户水、厨、厕等均符合或高于房屋改造标准。村内无房户、危房户、住房困难户问题基本解决，安全住房保障率达100%。全村设施齐全、功能配套、环境优美、特色鲜明，基本达到门外就是水泥路、出门就是小轿车的生活状态。通过发展休闲农业，大大改善了本村农民的住房和生活条件。

4. 亮点经验

（1）公司运营，提档升级

党的十九大首次提出"乡村振兴战略"。2018年2月，习近平总书记到郫都区战旗村视察时指出"走在前列，起好示范"，农科村责无旁贷争当乡村振兴排头兵，聚力打造"国际乡村会客厅，主题民宿聚落群"。2018年成立农科村景区管理运营公司，在街道党工委的指导下，探索出一条基于市场运作模式的农家乐提档升级转型之路，

图 4-104 农科村特色民宿

开展包装、策划、招商、营销、运营，将农家乐升级为主题精品民宿（图4-104）、精品园艺培育、文创娱乐体验三种类型。围绕三个会客做足文章：宴请会客"吃风味特色、吃主题餐饮、吃宴席全席"；民宿会客"住风情客栈、住乡村酒店、住主题民宿"；娱乐会客"玩影视文创、玩特色农创、玩亲子娱乐"。依托扬雄文创做了大量的内容打造，如扬雄舞台剧、文创衍生品、汉式婚宴、传统节日、文创赛事等，通过文创内容来吸"粉"留客。还规划了"农科十八绝"，注册了72种细分类别文创产品等。通过运用5G全景VR景区、村歌歌名征集、《乡约夜话》栏目、各类沙龙活动，参加外围招商宣传演讲，全方面提档升级。

（2）引资创新，百花齐放

历经1年多时间，农科村已组织参加十几场招商演讲，开办几十次活动；吸引200多组投资考察组，成功引进新村民带来二十多个特色主题业态（有艺术设计、中医汤道、茶道禅修、国学文创、亲子乐园）等；带动4组原住村民返乡创业提档升级，总投资过亿。目前，已经签约的有12家企业、12个知识产权（IP）、2个平台，通过一年多的打造，已建好红尘外民宿、子云书院民宿、雲岚民宿、天韵扬雄书院（孔子学堂）、中医汤道民宿，正在提档升级临水轩、观景沅、林宏家的女儿红等项目，新打造三舍民宿、天猫超市等项目。计划在2022年年底，打造完成吴少华中式生活美学馆、52亩亲子乐园（包括何刚家+红尘外隔壁）等项目。另外，还有翔云航空训练基地、游戏农场、捌号院、青舍（茶·咖啡）已签约落地。

（3）科学规划，带动发展

为创新发展乡村旅游，在区、镇相关规划范围之内，立足实际、立足发展，农科村主持制定了"泛农科村"发展规划，确定"一心两轴三区"泛农科村发展格局，编制和完成"泛农科村"景区产业提升规划、农科村景区民宿聚落规划、川西农耕文化展示展现规划、精品盆景博览园发展规划等。依托"泛农科村"国际旅游度假区发展理念形成"一心"（即以农科村景区为核心）"两轴"（即IT大道、迎宾路）"三区"（即农科村AAAA景区、石羊精品花木观赏区、子云扬雄故里文化区）的格局。在乡村振兴的时代背景下提档升级，以一村带十村多元混合制模式打造"国际乡村会客厅-主题民宿聚落群"，实现一院一主题；引进36个业态超级品牌IP；72种细分类别产品、500创客汇集一堂，打造全国一流、具全球影响力的乡村会客厅旅游目的地。

（4）着眼未来，步步为营

有了规划布局、明确目标，农科村脚踏实地开始完善基础、打造品牌、提升品质，步步为营地向乡村振兴的美好前景稳步迈进。

一是完善基础。对全村范围江安河骑游绿道进行导示系统和野餐、露营、游乐设施完善；在"泛农科村"范围，结合集体经营性建设用地试点改革，发展精品乡村酒店、回归式农家乐和体验互动项目。

二是打造品牌。挖掘历史文化品牌，如扬雄文化、盆景文化和农耕文化，通过历史遗址遗迹景观、地域化要素环境等策划包装文化故事、表演节目等扬雄故里旅游项目，打造西汉扬雄文旅度假产业；开发创意文化品牌，发展文化艺术主题民宿，依托现有的中国陶瓷艺术引入一些品牌文化企业和民间文化团体入驻，打造特色化、个性化、精致化的艺术文化民宿；加强旅游商品开发，如海棠食品、海棠工艺品、小型盆景、盆栽等的开发，形成特色系列产品，依托现有的游客中心建设一个休闲功能完善的旅游商品购物中心，展示销售农科村特色的旅游商品以及郫都区土特产，为旅游资源的开发与经营提供平台载体；做好对外营销宣传，与成都蜀源旅游公司合作，结合乡村旅游实际，制定营销策划方案，深入分析资源现状和市场需求，策划形成系列观光、美食、购物、体验、住宿精品路线，加强与各大旅行社合作，吸引更多游客到此观光旅游；加强线上推广营销工作，运用微博、新闻门户、社区论坛等社交产品投放广告，实现精准营销。同时完善农科村网站，开发农科村手机App，通过微信、微博、微商、团购等多种互联网营销模式，实现线上线下互动营销，进一步拓展在线旅游市场。

三是提升品质。提升景区景观品质。重点打造以农科村景区为核心的海棠花生态旅游赏花基地，主要布局在IT大道、迎宾大道、支渠路及农科村景区重要节点，并带动周边连片形成四季观赏花木区，并同步细化、合理完善景区各类配套设施；实施泛农科村全域景区建设，积极配合上级党委政府及临近兄弟村社筹划推进2～3个赏花观叶、游乐休闲主题园区，1个水上游乐主题园区，进一步丰富景区体验游玩功能、丰富旅游观赏品类，实现连片共同发展；引进祥云航空公司，打造私人飞机场所，进一步丰富游客观光新体验。农家乐（乡村酒店）提档升级。按照菜品特色化、住宿民宿化、休闲个性化、服务品质化方向，对部分农家乐进行改造提升（图4-105）。

图4-105　农科村特色民宿

(二十五)"杏"福社区
——四川省成都市青白江区福洪镇杏花社区杏产业

四川省杏花社区发展优质杏种植。杏产业带给这片绿水青山富足和希望,杏花社区成为名副其实的幸福社区。

1. 基本情况

杏花社区地处四川省成都市青白江区福洪镇南部,原名杏花村,位于风景秀丽的龙泉山脉中段,属龙泉山城市森林公园青白江片区核心区,龙泉山环山路、成渝铁路以及规划的成金简快速通道穿境而过,幅员面积8.76平方公里,辖14个村民小组,共有村民2288户、8813人。近年来,秉承"绿水青山就是金山银山"理念,杏花社区持续壮大优质杏产业,做牢生态防线,积极发展乡村旅游,大力推进减人减房,全面改善人居环境,实现生态、社会、经济效益多元共赢。先后创建青白江唯一AAA景区,荣获"全国'一村一品'示范村""全国乡村特色产业亿元村""全国生态文化村"中国南方唯一优质杏种植基地"四川省十大赏花旅游目的地"等20余项殊荣。

2. 产业发展

福洪镇杏花社区是我国南方最大的优质杏种植基地,也是成都及周边地区唯一的杏花观赏旅游区,社区年产值超1.15亿元。主导产业为"福洪杏"种植(图4-106),现种植面积5000余亩,年产量达7500吨,农业产值达7520余万元。同时依托杏林,先后引进66号房车度假营地、和盛田园东方等项目,积极发展文旅体融合发展的新产业、新业态,乡村旅游

图4-106 青白江区福洪镇福洪杏

蓬勃发展，年旅游收入达3980余万元。经过多年培育发展，目前主要以"金太阳""凯特杏""海棠红"三个优良品种进行推广，三个品种果色靓丽、细嫩多汁、酸甜爽口、杏香浓郁，营养价值高。杏花社区从事主导产业农户数1568户，占全村的80%左右；于2007年成立了优质杏协会，负责杏果技术指导和统一销售；有效带动周边种植面积达2万亩，实现有机认证5000亩。

3. 联农带农

杏花社区从土地入手，实现产业的联农带农，切实增加农民收入。首先，积极探索土地入股机制，组建杏花社区股份经济合作联合社，并将项目区范围内集体土地使用权、财政投入形成的固定资产量化入股到土地股份合作社，与项目公司合作共建田园综合体项目，按比例分红收益。村民从单一的"种地收入"变为"土地流转收入+就近打工收入+入股分红"多重收入，杏花社区人均可支配收入由2017年的20164元提升到2020年的31624元，人均可支配收入增长了56.8%。

4. 亮点经验

（1）找准定位培育优势产业

杏花社区通过深入分析自身资源禀赋和周边产业形势，借智聚力确定产业发展方向，创新"托管模式"发展壮大杏产业。

一是多方论证找准特色定位。杏花社区改变过去种玉米、土豆靠天吃饭、收入单一困境，与原四川省温江农业学校开展校村合作共建，通过专家指导、调研考察以及多方论证，确立了以杏果为主的特色主导产业。培育引进30余个杏品种，甄选出适合当地气候、土壤环境的"金太阳""凯特杏""海棠红"三个优良品种进行推广，先后建成优质杏母本园500亩、福洪杏新品种培育基地300亩以及福洪杏标准示范园区3500亩（图4-107），全村种植规模达5000亩。2011年，"福洪杏"获国家地理标志产品保护，获得优质杏生产基地殊荣。

二是"托管模式"壮大产业规模。2007年，杏花社区成立优质杏协会负责杏果技术指导和统一销售。在全市率先采取"公司+协会+种植户"的新型托管模式，推行"七个统一"（统一引种、统一育苗、统一技术、统一信息、统一采购、统一包装、统一销售），保障了杏产业的高质量发展。有效带动周边种植面积达1.8万亩，实现有机认证5000亩。成功引入锦巨等生物科技公司，推广种养综合循环技术，实现优质杏产业"五化"发展。将家庭分散经营与适度规模经营有机结合，推动特色产业规模化、

图 4-107 福洪杏示范园（白桂斌摄）

标准化、品牌化发展。

三是多样植绿提升景观层次。充分利用地处龙泉山10万亩伏季水果带腹地优势，种植樱桃、青脆李、枇杷、桃树等伏季水果1000亩。结合"龙泉山脉植被恢复工程"，多样化选植树种，新建了以银杏等珍稀树种和经济林木为主的生态经济型产业基地2处，建成红枫、香樟等生态景观林3处，并在上山观光大道两旁栽种上万株樱花树，丰富了植被色调，改善了植物群落生态结构，森林覆盖率达60%，形成了多样绿色经济生态圈。

（2）多元发展搞活农旅经济

身在如此美景的"花果山"，为进一步挖掘其经济潜能，杏花社区创建了"客家杏花"景区，并结合龙泉山城市森林公园"可进入、可参与、景区化、景观化"理念，打造龙泉山规划的十大园之一——杏花社区城市森林公园，大力撬动社会投资，激活乡村旅游新产业新业态蓬勃发展。

一是创建国家AAA景区。依托万亩杏林，2010年创建的"客家杏花"景区成为整个青白江区唯一的国家AAA风景区（图4-108）。申报注册了"怡福"牌商标，开发杏花标识并广为推广运用。拍摄了乡村实景电视剧《杏福花开》40集，并在省内主流媒体播出，进一步提升区域旅游品牌知名度和美誉度。

二是持续办好花（果）生态旅游节。自2008年以来，在杏花景区已连续举办了

图 4-108　杏花节盛景

十二届杏花（果）生态旅游节，2014年承办"四川省花卉果类生态旅游节"主会场，成功举办民宿论坛、房车论坛等活动10余场次，游客接待达170万人（次），旅游收入1.2亿元，乡村旅游蜚声省外。2018年在杏花社区与法国埃斯曼市签订友好合作意向书，促进"一带一路"国际文化交流。

三是多元投资丰富产业业态。先后引进"天和四季""东山杏都"等传统农家乐20余家。引进西南地区最大民营马术俱乐部"天骁马术"、全省关爱儿童教育基地"川青世界"、最具特色房车主题旅游客栈"66号房车度假营地"、最美田园综合体"和盛田园东方"、高端国际医美产业"中清云谷智慧康养基地"等项目，协议总投资达23亿元，涉及森林康养、民宿、房车、马术等多领域新产业和新业态，推动"旅游+文化""旅游+康养""旅游+教育""旅游+体育"融合发展。其中，"和盛田园东方"与"北京·隐居乡里"合作开发的民宿"杏花山上"开业以来，迅速成为成都周边网红民宿打卡地；"66号房车营地"获评成都市"新旅游·潮成都"旅游目的地、金芙蓉级主题旅游客栈。

（3）完善配套优化人居环境

杏花社区在发展产业富民的同时，注重村庄建设。着力建设环境优美、配套完善、人文和谐的宜居家园，打造"城镇化的乡村、乡村式的城镇"，以实现生产、生活、生态融合发展。

一是分层分类"减人减房"。为彻底改善"晴天一身灰、雨天一身泥"现状，分类分层推进龙泉山城市森林公园区"减人减房"。2005年，杏花社区启动实施了青白江区第一个土地整理项目。2006年、2008年分别建成杏花社区一期、二期新型社区，入住农户819户、2900人；现在三期也即将入住，同步按照"1+27"标准配套全民健身广场、日间照料中心等基础设施，全面改善群众居住生活环境。项目完成后减人减房率将达96.5%。

二是社区服务持续提升。杏花社区成立了社区业委会，引导居民民主议定《居民自治章程》《文明公约》等，推进"策由民定、事由民理、权由民用"。结合"杏"文化特色，打造"杏福里"亲民服务中心，满足不同层次、不同年龄段人群的服务需求。针对新产业、新业态需求，杏花社区实施乡村人才培训集聚工程，创设"杏福花样"培训空间，定期对社区居民开展杏树栽培管理、民宿管家、乡村旅游服务、蜀绣等技术培训，已培育优秀带头村民20余人。开展文明家庭、清洁家庭、好公婆、好儿媳等评比，开展青年党员信息赶集活动10余场次，促进乡风文明。

（二十六）摘尽枇杷一树金
——四川省攀枝花市米易县草场乡龙华村枇杷产业

四川省龙华村发展枇杷产业，并带动旅游观光业。金黄的枇杷给龙华村全体村民带来金色的收益、金色的美好生活。

1. 基本情况

龙华村位于四川省攀枝花市米易县草场镇西面，距县城9公里，幅员面积16.3平方公里，辖13个村民小组，有980户4181人。近年来，龙华村始终坚持党建引领，牢固树立"乡村振兴、产业先行"理念，通过抓支部、抓技术、抓管理、抓环境、抓销路等方式不断发展壮大特色产业，走出了一条以产业振兴促进乡村全面振兴的路子。龙华村先后被评为"全国先进基层党组织""全国'一村一品'示范村镇""全国乡村""特色产业亿元村""全国乡村治理示范村"省级"乡村振兴示范村"。

2. 产业发展

1999年以前，龙华村以种植玉米、水稻为主，产业结构单一，规模化程度低、经济效益差，村民只能解决基本吃饭问题，是远近闻名的县级贫困村、落后村。在镇党委、政府引导下，村"两委"干部和部分党员同志开始试种枇杷，后来由村"两委"牵头对枇杷产业结构进行调整，研发枇杷实时控花技术，成立枇杷协会，创新果农经验交流培训模式，目前全村有82%的农户种植枇杷，种植面积达7000余亩（图4-109）。园区枇杷先后获得有机枇杷、绿色枇杷等认证，有机绿色产品认证面积达5900亩，枇杷出口备案基地1800亩，获得国家地理标志产品保护。全村已由原来每亩不足2000元收入的纯粮食模式，转变为每亩3万~4万元的高效经济作物模式。2020年，全村枇杷产业总产值达1.1亿元，农民人均纯收入达28853元，村集体经济增收30余万元，实现集体、群众双增收。

第四章 乡村特色产业"十亿元镇亿元村"典型案例

图 4-109　米易枇杷生态园

3. 联农带农

龙华村从党建入手,强化党建引领,压实村"两委"示范带头作用,带动全村枇杷产业发展,带领村民产业致富。以换届选举和"两项改革"为契机,选优配强村级领导班子,"两委"班子实现学历、年龄"一升一降"目标,班子成员工作水平和队伍整体素质稳步提高,村"两委"干部凝聚力和战斗力不断增强。自1999年村"两委"带头试种枇杷开始,支部党员不懈努力,身体力行,带动村民推广种植。从最初的部分村民跟进,到后来村里形成连片种植枇杷的景象。现在,全村有82%的农户种植枇杷,种植面积达7000余亩。目前龙华村98%以上家庭住上了楼房,59.7%的家庭拥有轿车,龙华村已跨入小康,走上乡村振兴之路。

4. 亮点经验

(1) 重人才,技术支撑优产业

龙华村紧扣村级班子建设和产业发展需要,深入实施农村外出优秀人才"归雁工程",回引优秀农民工、返乡创业大学生、退伍军人113人,发展农民工党员36名,将41名优秀返乡人才纳入龙华村后备干部人才库,20余名村组干部均由返乡人才担任,为聚力特色产业发展,推动乡村振兴建设提供了强有力的组织保障。建成枇杷专家工

作室、科技小院，成立"新乡贤联谊会"，借助乡贤、专家团队力量，搭建"政产学研用"创新平台，在各级农业部门、科技部门专家的指导下，成功研发并推广枇杷控时成熟技术，使得枇杷在当年11月至次年4月错峰上市，在全国属最早熟产区，被称为"早春第一果"（图4-110）。创办"田间学校"，创新"果农教果农"培训模式，成功培育"土专家"57名、种植能手620人，每年无偿培训1200余人次。全面推广应用喷灌滴灌、绿色防控、水肥一体化等现代农业技术，农药使用量及农药成本下降55%左右，每年节约40%的用水量、25%的用肥量，减少三分之二的劳动力投入，亩均节本增效3000元。

（2）抓治理，提升品质壮产业

形成一定规模后，为促进枇杷产业健康有序发展，确保产品质量和效益，龙华村党委按照群众工作"七步议事法"，制定"诚信红线"制度，明确"五个不准"，界定"红线"严格奖惩，有效解决过度使用农药、提前上市扰乱市场等问题。同时，为有效破解灌溉管理难题，制定《高效节水"阳光灌溉"制度》，采取村组联户管理模式，明确管理员和群众在水池、管路等设施设备管理维护中的权责义务，建立"管水员竞争上岗制度""投工投劳保证金制度"，规范灌溉水资源管理，全村高效节水覆

图4-110 枇杷熟了

盖面积已达7000亩，实现枇杷种植区全覆盖。与此同时，村党委大力开展品牌培育工作，注册"多美龙华"农产品商标，实行产品追溯机制，延伸枇杷产业链，在村内就近加工枇杷膏、枇杷酒、枇杷茶等农产品，产品综合竞争力进一步增强。

（3）创景区，融合发展旺产业

依托枇杷特色产业，大力发展观光农业、体验农业，高质量建成米易枇杷生态园，园中建有农耕文化园、花道、风车长廊等特色旅游景点（图4-111）。2020年枇杷生态园被评为国家AAA景区，每年旅游人数超过30万人，旅游收入超过400万元。龙华村也先后被确定为"四川省巩固拓展脱贫攻坚成果同乡村振兴有效衔接现场会""中国·米易首届阳光枇杷节"等重要会议（活动）场所，接受各级领导视察调研，受到肯定。

（4）拓销路，电商助力促增收

产业发展起来后，为进一步提升效益，龙华村党委全力推行线上线下相结合的新零售模式，一方面通过老一批销售人员，探索建立起跨省、市、县覆盖50余个城市的线下营销网络，成功打开成都、重庆、北京、上海等地市场。另一方面大力推动电商

图4-111 龙华村风貌

发展，通过引进物流企业、电商服务站点，签订合作协议，推行"电商+合作社+基地+农户"模式，累计发展电商257家，涵盖淘宝、天猫、京东、微信、抖音等各大主流平台。2020年，园区线上营业额达1.6亿元，直接助农增收1200余万元。同时，积极开拓高端和海外市场，2017年12月，园区枇杷顺利通过检验检疫，顺利通关出口到加拿大，实现攀枝花西部地区枇杷首次走向国际市场，2018年以来，园区枇杷相继出口俄罗斯、新加坡、英国等10余个国家。

（二十七）茶海画中游
——贵州省凤冈县永安镇田坝村茶产业

贵州省田坝村围绕茶产业，以茶促旅、以旅带茶，漫山的茶海让人仿佛进入画中游览。

1. 基本情况

田坝村位于贵州省凤冈县西北部的永安镇，距县城38公里，距道安高速公路仅12公里，交通便利，区位优势明显。全村平均海拔930米，辖60个村民组，共2278户、9869人，耕地面积7982亩，植被覆盖率高达86%。土壤富含锌、硒等微量元素，是凤冈县茶叶主产区，也是凤冈县现代高效农业的示范园区。图4-112所示为田坝村漫山茶树景象。

图4-112　田坝村漫山茶树

2. 产业发展

田坝村风景优美、气候宜人,森林资源丰富,村里林中有茶,茶中有林,林茶相间,仙人岭和九堡十三湾茶园被评为全国最美茶园。这里是望得到山、见得到水、记得住乡愁的地方,是乡村体验游、生态休闲游、避暑养生游的理想之境(图4-113)。田坝村正成为遵义、贵阳、重庆、广州等地人们度假的好去处,茶海之心景区成为贵阳(重庆)→遵义→梵净山→张家界精品线上的黄金驿站,不少游客慕名而来,在田坝村体验采茶、吃农家饭、喝土家油茶、住农家旅店,享受着宁静的乡村生活。全村茶园现已发展到28000多亩,几乎家家户户种茶,茶产业成为撑起村域经济的主导产业。

3. 联农带农

田坝村立足资源禀赋、发挥比较优势,充分利用当地的自然优势大力发展茶产业,从最初的一产(茶叶)升级到如今的一二三产(茶叶、加工、服务)融合发展,一大批农村能人纷纷承包集体荒山种茶,率先购置设备办起了茶叶加工厂,村民由原来的粮农变为茶农,茶农变为茶商。尝到甜头的村民种茶积极性被广泛调动起来,通过以"公司+基地+合作社+农户"的产业化经营模式,全村茶园发展到

图4-113　如画的田坝村

28000多亩，人均2.84亩，茶叶加工厂如雨后春笋般兴起。全村现有茶叶加工企业83家，其中国家重点龙头企业1家、省级重点龙头企业8家、市级龙头企业13家，经过国家认证的有机茶生产加工企业8家，组建农民专业合作社5家，社员450人，直接带动4000多人就业。2020年，魅力黔茶、富祯、浪竹、永田露、翠巅香等7家茶企共出口茶叶3.8亿元人民币，田坝村几乎家家户户种茶，茶产业成为撑起村域经济的主导产业，人们的生活也因茶叶的兴起而悄然发生改变，因茶而摆脱贫困，逐渐走向富裕。

4. 亮点经验

（1）茶旅融合

田坝通过以茶促旅、以旅带茶，"茶旅一体化"乡村旅游发展模式，发展了36家特色茶庄，旅游服务质量和接待能力全面提升，不仅拓宽了村民增收致富的渠道，也大大提升了田坝的知名度。"茶海之心"景区成功跻身"贵州省100个旅游景区"，并成为全省旅游改革试点景区。2014年"茶海之心"成功创建为国家AAAA景区、全国休闲农业与乡村旅游示范点（图4-114）。"茶旅一体化"这一乡村旅游品牌越来越得到广大游客的青睐，2020年游客接待量突破72万人次，实现一二三产业综合收入7亿元。

图4-114　茶园近景

（2）产村融合

田坝村按照"守底线、走新路、奔小康"的要求，紧紧围绕"建设生态家园、开发绿色产业"发展战略，着力调整产业结构，大力发展茶产业，推行"茶旅一体化"生态经济模式，走上了一条农村一二三产业融合发展的道路，村容村貌极大改观，村民生活质量显著改善，群众幸福指数全面提升，成为远近闻名的"小康村"。

（二十八）侗乡参娃娃
——贵州省黔东南苗族侗族自治州施秉县牛大场镇牛大场村太子参产业

贵州省牛大场村全力发展太子参产业，在资源匮乏的困难条件下，实现脱贫致富，并持续扩大产业发展规模，助推乡村振兴。

1. 基本情况

牛大场村隶属贵州省黔东南苗族侗族自治州施秉县牛大场镇，地处施秉县西北部，镇人民政府驻牛大场村。牛大场镇地处云贵高原东部，地势东西较平坦，中部较高，境内山脉纵横，丘陵起伏，地貌以丘陵为主，属喀斯特地形脆弱环境，海拔在600～1000米。牛大场镇多年平均气温15℃，无霜期年平均255～294天，年平均降水量1060毫米。土地肥沃，土壤以黄、红泥为主，抗旱力强，土质呈弱碱性，有丰富的腐殖质，属富钾缺磷偏高地区，且高原性季风气候明显，非常适宜种植太子参等中药材。

2. 产业发展

自1993年施秉县牛大场镇针对太子参引种试种以来，牛大场镇太子参种植规模由最初的几十亩发展到2020年的5.5万余亩，种植农户增加到7000余户，年产量达6000吨，已成为全国太子参主产区，被誉为"中国太子参之乡"，中国大部分太子参原料都来自此地。2020年，牛大场镇太子参产值达3亿元。2021年，全镇太子参种植面积5.7万亩，预计产值2.5亿元以上，覆盖全镇80%农户，太子参产业已成为镇里支柱产业。

国药集团将太子参试验种植基地落户于施秉县牛大场镇，牛大场村采取"企业+基地+农户"模式，由国药集团利益联结农户开展太子参规范化标准化种植项目，通过以点带面，有计划、分步骤推广太子参规范化种植。同时，该村持续健全从种子种苗到太子参采收，再到产品初加工的全产业链建设，目前已建成200亩太子参规范化种子种苗基地1个，烘干厂4家，冷库等冷链仓储设施9处。

3. 联农带农

除规模化种植太子参之外，牛大场村还通过"村集体+合作社（公司）+农户（贫困户）"的利益联结模式，开展其他中药材的零散种植。贫困户可以在同等的条件下优先被聘用到基地上务工，收获后第一年按利润的8%分红给贫困户，第二年按利润的10%分红给贫困户，第三年按12%分红给贫困户。基地上，贫困户务工有了收入、有了分红，再加上村级集体经济也发展起来，可谓一举三得。

4. 亮点经验

（1）紧抓药材产业，实现小康

牛大场村紧扣农业产业革命"八要素"，践行"五步工作法"，大力调整农业产业结构，因地制宜发展以中药材种植为主的主导产业，辐射带动全镇农户（贫困户）发展产业实现稳定增收。2020年该镇中药材种植面积达6.2万亩（太子参55119亩、白芨等其他药材6881亩），产量可达6820吨，产值2.7亿元以上，辐射带动618户脱贫户2339人，人均增收3000元以上。同时，该村以党建为引领，引进农业企业按照"三统一"模式，采取"企业+农户""村集体+农户"运作方式，打造"太子参+"产业带，增强帮富带富能力。

图4-115所示为牛大场村太子参种植基地。在每年的太子参采收期，都会出现大量的用工需求。该村带动全镇就近就便安排就业岗位10000多个，从而形成了牛大场镇独有的职场新群体——"钉耙人"（图4-116）。为认真贯彻落实州、县有组织劳务就业扶贫工作的有关部署，牛大场镇在做好向外输出贫困劳动力的同时，充分开发本地务工岗位，促进了本地贫困劳动力就地就近就业。

（2）利用先天条件，优化品种

当地优越的自然条件是牛大场村构建未来大健康、大生态全产业链道地中药材的良好先天条件。20世纪90年代，施秉县牛大场镇引进福建太子参产业，当地人通过反复试验种植，培育出一种适应当地气候条件的太子参品种——"施太一号"。目前，施秉县主打的太子参品种为"施太一号"第二代和第三代品种。未来牛大场村将继续在此基础上不断优化品种，提升品质，使太子参之路走得更远、更宽广。图4-117所示为牛大场村丰富的太子参产品。

图 4-115　牛大场村太子参种植基地

图 4-116　牛大场村民手握钉耙种参

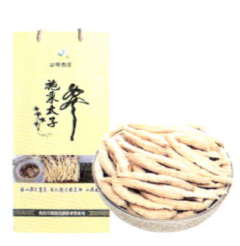

图 4-117　牛大场村丰富的太子参产品

（二十九）关中民俗第一村
——陕西省咸阳市礼泉县烟霞镇袁家村休闲农业

陕西省袁家村以关中民俗为主题，以发展乡村旅游为突破口，不断创新发展模式，一步步把"空心村"打造成关中民俗第一村。

1. 基本情况

袁家村坐落于陕西省礼泉县烟霞镇，地处关中平原，接临西安、咸阳多地，坐落于西安咸阳半小时经济圈内。全村有农户64户，村民285人，全村总面积800亩，其中耕地面积620亩。交通便利，银武高速、陇海铁路、关中环线、312国道、107省道、唐昭陵旅游专线等多条线路从村庄经过。

袁家村周边拥有大量历史文化资源，接壤唐肃宗建陵石刻、唐太宗昭陵等历史文化遗迹。袁家村巧妙利用周边资源，打造以唐肃宗建陵石刻、唐太宗昭陵博物馆等历史文化遗迹为中心，点、线、带、圈为一体的文旅体系，美称"陕西丽江"。据不完全统计，2018年袁家村游客突破600万人次大关，即使是受新冠疫情影响的2020年特殊时期，袁家村收入有增无减。袁家村开放至今发展迅猛，本村村民收入翻番，也带动了周边农民收入增加，旅游、服务等第三产业增强，加速产业升级。袁家村是"全国村镇建设先进单位"、全省"新农村示范村"、全省"小康示范村"，被住房和城乡建设部、文化部、财政部列入第二批中国传统村落名录，被农业农村部认定为"全国'一村一品'示范村镇""全国乡村特色产业亿元村"。

2. 产业发展

20世纪五六十年代，袁家村土地瘠薄，干旱少雨，资源匮乏，是礼泉县有名的"烂杆村"。没有任何自然资源优势的袁家村，2007年在村支书的带领下，以乡村旅游为突破口，打造农民创业平台，解决产业发展和农民增收问题；以股份合作为切入点，创办农民合作社，解决群众收入分配不均问题以实现共同富裕。通过一系列创新实践，袁家村成功探索出一条破解"三农"难题、实现乡村振兴的新路。

(1) 专注与开拓

2007年，袁家村率先提出打造关中民俗文化旅游第一品牌的目标。以村子为载体，以村民为主体，建成民俗浓厚、特色鲜明的"关中印象体验地"。袁家村因地制宜，专注于关中民俗旅游开发，并以旅游带动本地农副产品产销。为严格把控食品安全，确保食材的原生态，袁家村村集体管辖的商铺必须使用本村合作坊合作社生产的面粉、油、醋等农副产品。由村委会进行监督，既保证了合作社的销量，又使广大游客可以品尝到原生态、无任何添加剂的食材。

袁家村打造了酒吧街、艺术街、时尚街、书院街（图4-118）等适合夜晚消费的新型街区，逐步实现白天的袁家村向月光下的袁家村拓展。在人才方面，袁家村面向全国招聘人才，其中也包括国际顶尖大学毕业的高端人才，袁家村给他们提供创业平台。毕业于西安美术学院的杨阳和几个志同道合的创业伙伴就是看到了袁家村的发展机遇和市场空白，来到袁家村，在创业政策支持下打造了以关中民俗蜡像为主题的"超凡蜡像体验馆"。

图4-113　袁家村书院街

(2) 走出与引进

袁家村提出"进城出省"的走出去战略。2015年8月,袁家村第一家进城店——"袁家村关中印象体验地"在西安曲江银泰开业。优选商户30家,由村民入股的600万元投资仅九个月就全部收回。走出去才发现,乡村旅游主要吸引的是本地游客,而餐饮可以让更多人知道袁家村。于是通过大力推出"袁家村"餐饮品牌,吸引了很多来陕西旅游的外省甚至外国游客走进袁家村,同时为乡村发展提供了更多就业岗位。

袁家村的目标是走出陕西,走到北上广深,走到更多的城市。"出省计划"就是袁家村用自身经验和创新思路打造一个独特地域文化的袁家村,如今在青海、河南、山西、湖北都有袁家村的基地。用陕西的方法做外省的市场,那就是全国的袁家村。袁家村不仅吸引了外国游客体验关中农村民俗文化,也让外商发现中西结合融入当地文化拓展业绩的商机。

在袁家村总会计师任红敏的盛情邀约下,星巴克西北区负责人来到袁家村考察,被多元化的业态和消费群体所打动。2019年11月,星巴克袁家村臻品店正式开业,将咖啡香融入本地文化。星巴克袁家村店设在一栋富有清代关中民居特色的三合院,墙面保留了原来建筑的六边窗型,搭配环绕室内外空间的橡木格栅,展现出东方古典韵味(图4-119)。在文化艺术品街区,来自沙特阿拉伯的小哥Kazi,坐在店门口用玻璃

图4-119 袁家村"古风"星巴克

瓶制作沙画。如此景象，仿佛当年大唐长安街头八方来客的热闹纷繁。这也是袁家村向多元化、国际化发展的新尝试。

除了引进来，袁家村也加快走出去步伐。如今，"袁家村"已不只是一个地名，而是个响亮的地域民俗品牌。目前青海、山西、河南的袁家村地域民俗体验景区已经开门迎客。东南沿海的江苏宿迁、海南岛的琼海博鳌项目也正在建设中。袁家村受国家深入推进改革开放和"一带一路"倡议带来的国际交流便利鼓舞，还要借助互联网走出国门，让外国消费者吃到地道的中国美食。

3. 联农带农

自2007年首次打出"关中印象体验地"以来，袁家村以村庄为载体，以村民为主体，自始至终都以村民的利益为先，进而逐步招商合作，实现共创共赢。

最初，袁家村以集体经济支持、反哺村民的方式推进，承诺村民如果经营失败，由村里补贴。之后袁家村的农家乐很快得到市场认可，赚钱的村民越来越多，响应号召开办农家乐的村民也越来越多。

合作社是袁家村的一大特色，如小吃街合作社、豆腐合作社、粉条合作社、辣子合作社、酸奶合作社、面粉合作社、醋合作社、油合作社等，一年分一次红。袁家村的合作社不仅经营良好还持续分红，分红频率与收益率远超一般上市公司，村民收入得到极大保障和提高。

2007年，为鼓励本村村民发展农家乐，袁家村给愿意投资办农家乐的村民报销一半的装修费用，同时免费供应水泥。2007—2008年，在康庄老街开作坊和招商，可免租金，甚至有的作坊因为要从外村请人做工，还承诺了保底工资。2010年，招募小吃街商户时也免租金。后续的发展超出了所有人的预期，先是农家乐，后是康庄老街的作坊和商户，再到后来的小吃街，生意都是加速度增长。在此基础上，2012年，袁家村开始逐步组建合作社，让本村村民有机会分享收益，平衡各方利益。

袁家村"允许村民富，但不能暴富"，短时间内"允许翻一番，但不允许翻十翻"，一旦有新项目，都是在群里发个消息，大家自愿报名，"报的人太多，会限制大户、鼓励小户，入的多的压制一下，入的少的抬一抬"，以此带动全体村民共同富裕。

为加强袁家村文化建设，以文化促旅游，袁家村已经在农民夜校为村民和商户教授英语，在景区实现中英双语标识，全球招募"实习村长"，还派送300多名村民去日本、泰国学习服务意识和精细化管理，以此全面提升村民素质和袁家村服务水平。

4. 亮点经验

（1）运营模式合理

袁家村运营管理团队主要由五人组成，运营管理成本非常低。袁家村党支部书记郭战武表示，袁家村景区由村委会牵头，村委会下设管理公司，公司下设协会，层层负责。小吃街、农家乐、酒吧都有自己的协会，进行行业自律和协调管理，协会成员由本行业商户推选，成员义务服务协会。村干部义务为袁家村景区服务，自己也可以经营农家乐，这样在生活上就有了保障。在此运营模式下，无论是袁家村村民，还是村干部都可以获得自己所追求的利益，同时大家结成利益共同体，袁家村整体经营效率也相应提升。这种自我管理的运作方式，运营管理成本低，效果好，非常适合袁家村现阶段发展。袁家村正不断朝向文明、绿色、健康的发展转变，高效的运营管理团队带领村民进一步发展文旅产业，成为宣传关中文化的一面旗帜，助力乡村振兴。

（2）管理手段灵活

袁家村在"自治"运作理念下，实行富有弹性的管理手段，管理方式更加精细化，更具实际性、针对性。在商铺管理上，袁家村奉行优胜劣汰、竞争上岗机制。①避免经营同质化。针对商铺种类，村民各自认领，如遇几家同时报名一种时，便采取考核方式保留最佳，有效避免经营同质化，促进每个商铺长远健康发展。利用调控、补贴手段，缩小村内商户间收入差距。②避免效益差距过大。各户运营项目不同，可能存在利润分布不均的情况，存在门店收入差距较大情况，村委会相关成员按一定程序、手段估算，对村内具有存在必要性，且确实由于客观原因造成收益较低的门店给予相应补贴，补贴金额按科学计算程序和村内实际整体运行情况予以确定。运营团队定期统计销量后五名，协助这些商户及时调整运营与管理方式，对于确实不能改善的商铺予以淘汰，对收益高的商铺、拥有创新思维的门店，管理运营团队也会按期奖励。③注重品质，维护信誉。袁家村运营的核心是品质，其永远秉持向游客提供优质、淳朴的"关中味道"的理念，用诚信与匠心保障食品安全。同时，运营团队制定了一套完善的监督标准，对食材、环境卫生、服务态度等进行督导，一经发现不合格，取消经营资格。每家每户都在门口醒目位置放置"放心牌"，时刻提醒商家，品质和信誉是走向长远发展的关键。袁家村致力消除乡村文旅痛点，维护乡村文旅信誉，获得游客的赞誉。通过灵活多样、有针对性的管理措施，不仅激发了商户经营的主动性、积极性、创造性，同时也让游客对袁家村的满意度增强，使袁家村整体发展实力稳步提升。

（3）文化定位精准

行业跨界融合常常会引发社会各界对自身长远健康发展的更深层思考。袁家村深刻认识到，要想可持续发展，就需设立创新性的定位与发展方向。单一复制落后的乡村系统，机械、刻板复制他人旧路显然是行不通的。袁家村正是利用自己丰富的历史文化资源，将现代旅游和关中地区传统民俗文化紧密结合在一起，将中国传统的乡愁文化与现代业态设计生动结合，形成了具有地方特色和生命力的文旅产业。